毛小孩的
寵物烘焙聖經

許燕斌、林威宜、葉雅琦、蔡雨婷、賴韋志 著

— 作者序 —

〈用溫度烘焙的寵物點心〉

　　當烘焙室的麵粉香氣與毛孩的雀躍腳步聲相遇，一場跨越物種的美味革命就此展開。我們用四年多時光將烘焙魂揉進寵物食譜，以米其林級的嚴謹為毛孩設計出五大星級品系：麵包工藝、創意餅乾、歐風甜點、午茶時光、中式糕點。

　　每道點心都是營養師與烘焙師的千次對話結晶

　　「這不是轉型，是烘焙之心的溫柔延伸。」從世界麵包冠軍到毛孩點心研發者，我始終相信：真正的美味應該跨越餐桌的界限。當您翻開這本食譜，將看見烘焙紙上跳動的科學數據，更會讀懂那些藏在溫度曲線裡的毛絨絮語。

　　邀請您繫上訂製圍裙，讓料理檯成為與毛孩對話的橋樑。每一次揉捏的力度，都是對生命的鄭重承諾；每道出爐的香氣，都在訴說「你是我最重要的家人」。

　　特別感謝游雨在資料的搜尋拍攝期間協助購買所有寵物點心的食材訂購模具等等，也感謝柔安、秋利還有婉婷，辛苦大家這次特地撥空到現場協助食材分類秤重，有你們真好。

許燕斌 與寵物烘焙研發團隊 敬上
讓甜點櫃的魔法，溫暖每個有毛孩的日常

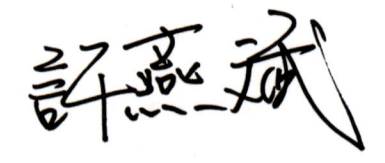

/ 現任 /

醒吾科技大學餐旅管理系
專任副教授級專業技術人員兼系主任
紐臺國際廚藝文化交流協會學術顧問
桃園國際機場商場及餐廳評鑑委員
江蘇農林職業技術學院客座教授
中華人才國際技術交流協會執行顧問
勞動部烘焙職類丙級乙及監評職人
FDA 金帽獎優良廚師從業人員選拔評審委員

一、教學相關經歷
2015 年至 2024 學年度
新北市餐旅群選手金手培訓指導教練
2022 學年度
桃園市立高級中等學校教師聯合甄試實作評審委員
2020 年
新北創新教育加速計劃 - 烘焙伴手禮研發中心業界專家指導暨諮詢委員
2020 學年度
台中弘光科技大學教師著作升等審查評審委員

二、餐飲烘焙相關專業證照與合格證書
烘焙食品 - 蛋糕丙級證照
烘焙食品 - 麵包、西點蛋糕乙級證照
教育部專業技術西餐點心技術講師證
西餐烹調丙級證照
調酒丙級證照
中式麵食加工 - 酥油皮、糕漿皮類乙級證照
烘焙乙、丙級技術士技能國家檢定術科測試監評人員
旅館管理專業人員銀階認證
台灣亞洲葡萄酒學會 - 合格侍酒師認證
創意飲品蔬果裝飾物切雕認證
法國乳酪製作師合格認證
法國 PCB 巧克力培訓學院課程結業證書
瑞士卡馬巧克力培訓課程結業證書
法國瑞比果泥課程結業證書
法國藍帶學院烘焙課程結業證書
法國雷諾特學院烘焙課程結業證書
中華人民共和國榮譽證書 - 西式烘焙師
中華人民共和國高級西式烘焙士合格 - 西式烘焙師
台北市政府「台北縣低碳社區規劃師培訓」結業證書
中華兩岸創業推廣協會 西式麵點師 結業證書

三、國內外競賽獲獎
2010 年
外交部長賀電理事長 - 勇奪馬來西亞主辦之 - 烹飪大觀世界金廚爭霸賽
2010 年行政院經濟部美食國際化創意優質大師獎
2010 年亞太區企業領袖風雲獎 - 台北市政府代為頒獎
2014 年 FHC 新加坡沙龍美食大賽 - 領隊優勝
2016 美國高登大學 - 傑出菁英獎
2017 年
韓國 WACS 國際餐廚大賽 - 三料冠軍主廚
2023 年
英國伯明罕翻糖裝飾藝術 (Cake International) 國際競賽領隊

四、國家級及校外專業服務
2008 年亞洲區新加坡預賽 台灣區代表選拔 比賽評審
2009 年法國里昂世界杯蛋糕大賽 比賽評審
2010 年至 2024 年
高雄易牙美食節「全國美食文化大展」評審長
2017 年至 2023 年
新北市度國民中學技藝競賽食品職群烘焙主題監評委員
2020 年至 2023 年
擔任美國密西根 MNS- C 級創意果凍藝術師檢定監察
2023 年度 1 月 1 日至 12 月 31 日
擔任新北市社會局少年職業培力課程講師
2023 年至 2025 年
TCAC 台灣國際廚藝美食挑戰賽評審

五、著作
2018 年烘焙食品乙級檢定學術科大全 (聯合著作)
2019 年幸福烘焙研究室 (聯合著作)
2019 年烘焙學 Baking Science &Technoloqg (聯合著作)
2020 年烘焙實務 (上) (聯合著作)
2020 年烘焙實務 (下) (聯合著作)
2021 年創意烘焙 - 蛋糕甜點的完美裝飾技法 (聯合著作)

六、專利
2010 年可攜帶式咖啡煮飲器具置放箱
2011 年刀具及調味料攜行箱
2021 年指套式水果剝皮器
2021 年放置西點餐飲製作用具的箱子 (技術移轉)
2024 年甜點外觀製作的輔助工具 (技術移轉)

― 作者序 ―

〈威宜老師的餅乾煉金術〉

　　寵物烘焙傳奇三十年溫柔革命，從寵物美容的剪刀線條，到烘焙模具的營養幾何，指尖溫度淬煉「看得見的愛意形狀」。

明星產品系：
基礎護理｜螺旋藻潔齒棒
醫食同源、漢方低溫烘焙
情緒療癒｜木天蓼星空的創業餅乾

以餅乾重建信任：
　「曲奇直徑對應犬齒弧度，脆片厚度映射貓舌乳突，表面線條藏著誘導飲水的流體力學。」

林威宜用三十五年的寵物美容，剪裁最溫柔的營養幾何

/ 經歷 /
1990 年研究班 日本 Cosmo Grooming School(宇宙動物綜合學畢業)
1989 年本科班 日本国 Cosmo Grooming School(宇宙動物綜合學畢業)
2006 年師範 日本國農林水產省環境省認可 (P.S.G Cooperate Vilon)
2007 年審查員 日本國農林水產省環境省認可 (P.S.G Cooperate Vilon)
2010 年師範 中國亞洲國際公認寵物培訓學校聯合會 (P.S.G Cooperate Union)
2011 年師範 臺灣育犬協會 (T.K.A)
2014 年 KGCT 台灣芭克麗的美容師俱樂部理事長
2016 年教師級培訓講師 中國畜牧業協會 (NGKC) 中國寵物美容師俱樂部
2019 年韓國國際寵物美容俱樂部審查員
2020 年高級講師 教育部 1+X 寵物護理與美容
2022 年特聘講師 馬來西亞 Super Groom

— 作者序 —

〈烤箱裡的體溫計〉

　　我是葉雅琦，一位在人與毛孩之間，用甜點記錄情感的烘焙老師。

　　我的烤箱裡，有孩子做給奶奶的手工餅乾，也有狗狗聞到就乖乖坐下的羊奶布丁；有貓咪舔一口就呼嚕的雞肝派，也有人類慶生的戚風蛋糕，上頭寫著每一個被愛的名字。

我喜歡這樣的甜點——
不是為了節日、不是為了裝飾，是為了說一句「你在我心裡很重要」。

葉雅琦　記於教室、廚房與毛孩身邊的日子裡
烤箱裡的不是點心，是我們對彼此的體溫

/ 經歷 /

2020 年創立 The day studio 寵物烘焙教室主理人
2021 年成為韓國寵物食品文化協會台灣總代理
2021 年成為中國名將寵美協會台灣授權教室
2021 年至今為
　　台灣芭克麗寵物美容烘培俱樂部 KGCT&APPGU 亞太聯盟寵物協會檢定培訓導師
2021 年至今任多間學校寵物烘焙課程講師
2022 年創立 The day pet cafe 主理人
2023 年成為 台灣芭克麗寵物美容烘培俱樂部 KGCT 高級別導師
2024 年考取中國名將寵美寵物烘焙教師級導師
2024 年任江蘇農林技術學院客座教授
2024 年至今擔任明台高中寵物烘焙寵物動保處特寵認證教師
2025 年馬來西亞第一屆 Super Groom 烘培審查員

作者序

〈走進這片毛孩的甜點森林〉

　　我是蔡雨婷，一個因為太愛毛小孩，決定走進寵物甜點世界的女孩。平時專門製作寵物蛋糕與點心，堅持用最天然的食材，為每一位毛孩子打造專屬的幸福滋味。

　　我相信，寵物就像家人一樣，值得被溫柔以待。所以我的宗旨是：在健康、平安、快樂的前提下，讓毛孩們也能享受美味的寵物食品。

　　每一塊蛋糕、每一顆點心，都是我親手製作、用心包裹的愛，希望能讓你和你最愛的毛孩，都感受到那份療癒與溫暖。

　　這裡不是只是寵物點心，更是夢想與愛的延伸小宇宙，歡迎你一起走進這片毛孩的甜點森林。

蔡雨婷

/ 經歷 /

2020 年創立福仔厝寵物蛋糕 IG
2022 年完成 NGKC- 初階寵物食品烘培課程
2022 年成為 KGCT- 台灣芭克麗 &APPGU 烘培協會會員
2022 年創立福仔厝寵物烘培教室
2022 年創立福來汪旺商行
2023 年取得 KPFCA- 寵物蛋糕結業證書
2023 年通過 NGKC- 初級寵物烘培認證考核
2024 年通過 NGKC- 中級寵物烘培認證考核
2024 年通過 NGKC- 高級寵物烘培認證考核
2024 年創立福來汪旺國家有限公司
2025 年現任兩間公司的董事
　　　及 KGCT 台灣芭克麗 &APPGU 烘培協會高級別導師

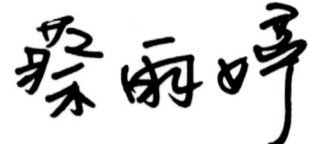

（蔡雨婷老師提供）

— 作者序 —

〈給毛孩最甜蜜的每一刻〉

我是賴韋志
一個把家鄉傳統中式飲食融入給毛孩寶貝吃的烘焙頑童。

從傳統烘焙店學徒到國際甜點競賽評審，三十年奶油／麵粉／滿佈的雙手，如今也專注雕琢寵物版迷你點心。常年看見愛犬對著我們口中的點心渴望的表現，只能吃著乾糧落寞眼神，才驚覺我們虧欠毛孩的，是一份相同對待的溫柔。

「而真正的傳承不是複製，而是轉譯。」

賴韋志 為毛寶貝用心每一天
這食譜不只是教學，是深情～
讓我們用溫柔智慧，給毛孩最甜蜜的每一刻

/ 現任 /
玉津咖啡烘培廠廠長
醒吾科技大學兼任講師
世紀綠能工商兼任講師
羅東家商烘焙協同老師
國教署協同教學配合教師
技能競賽合格認證評審
退輔會烘焙課程教師
銓球食品機械配合西點技師
日出芝稻產品輔導技師

/ 證照 /
西點蛋糕麵包餅乾丙級
西點蛋糕麵包乙級、西點蛋糕餅乾乙級
中餐葷食丙級
中式麵食酥油皮丙級、酥糕皮類乙級
韓國巧克力設計證照
韓國蛋糕裝飾證照
ＨＡＣＣＰ 食品管制 AB 證照

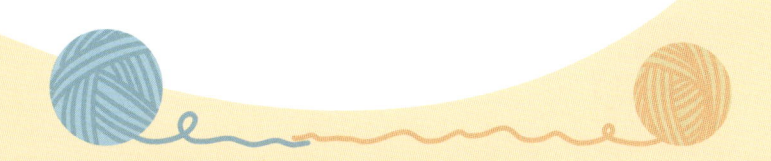

7

〈讓家裡面的毛小孩有不同的美食饗宴〉

　　認識老師們，這十幾年來從寵物的美容，寵物的美食，到寵物的點心，發現這群熱愛寵物的老師們，不斷地更新，不斷地研發，讓家裡面的毛小孩有不同的美食饗宴，有機會下廚房做給你家的毛小孩享用，值得我真心推薦。

/ 經歷 /

曾鴻章 獸醫師
嘉義大學獸醫校友會榮譽理事長
現任太僕連鎖動物醫院資深獸醫師及執行長
現任展望急診後送動物醫院院長

〈做給你家的毛小孩享用不同的愛與關懷〉

　　在寵物美食點心的市場很少會有把寵物點心拍攝成書籍來推廣，看到這群老師們的用心及研究相信這本書會得到大眾朋友們熱愛毛小孩的熱情，不論是在美食饗宴或是營養價值都值得我的推薦，有機會動手做給你家的毛小孩享用不同的愛與關懷。值得我推薦。

/ 經歷 /

鄭豐邦教授於 1997 年取得荷蘭烏特列支大學 (Utrecht University) 動物醫學博士學位。在那個年代，台灣動物醫療知識與技術均落後國外許多，寵物也比較不受到重視。鄭教授深感於此，毅然決然捨棄了國外高薪，畢業後便回國擔任國立中興大學獸醫學系教職，同時也在大學教學獸醫院看診，擔任教授與系主任作育英才為台灣孕育優秀的獸醫。

國立中興大學獸醫系服務資深教授 2018
國立中興大學獸醫系服務績優教授 2012
國立中興大學獸醫系教授兼任系主任 2009~2012
亞洲獸醫內科學會副主席暨台灣代表 2007~
國立中興大學獸醫系教授（小動物傳染病，動物繁殖障礙學）2006~ 迄今
國立中興大學獸醫系副教授（小動物傳染病，動物繁殖障礙學）2004
國立中興大學獸醫教學醫院兼任獸醫師暨小動物內科主任 2004~
國立中興大學獸醫系副教授（小動物傳染病，動物繁殖障礙學）2003~2006
國立中興大學獸醫教學醫院兼任主治獸醫師 1998~
國立中興大學獸醫系助理教授（小動物傳染病，動物繁殖障礙學）1998~2002
荷蘭 Utrecht 大學博士後研究 1997~
荷蘭 Utrecht 大學獸醫學院博士班畢業 1993~1997
比利時（荷語）魯汶大學動物育種學碩士畢業 1991~1993
中華民國獸醫師國家檢覈考試合格 1991
國立中興大學獸醫學士畢業 1988

〈目錄〉

002　作者序
008　推薦序
010　目錄
014　材料介紹

〈大綱一、犬貓營養基礎理論〉

019　項目一、犬貓的營養消化生理
020　項目二、犬貓基礎營養學

〈大綱二、犬貓營養學〉

031　項目一、犬貓能量營養
032　任務一、蛋白質與氨基酸營養
032　子任務一、蛋白質營養
033　子任務二、氨基酸營養
036　任務二、碳水化合物與水的營養
036　子任務一、水與犬貓營養
037　子任務二、碳水化合物營養
038　任務三、脂類營養
038　子任務一、脂類營養
039　子任務二、能量營養
040　項目二、維生素與礦物質營養
040　任務一、維生素營養
042　任務二、礦物質元素營養

〈大綱三、寵物烘焙技術〉

045　項目一、烘焙基礎設備
046　項目二、寵物風乾零食製作
048　項目三、寵物蛋糕的製作
049　項目四、花式糕點製作

〈大綱四、食療烘焙技術〉

055　項目一、常用食療食材
056　項目二、食療配方的設計
058　項目三、功能性飲品的製作
060　項目四、功能性餅乾的製作

〈A、麵包工藝〉

064　雞肉羊奶菠蘿麵包
066　南瓜椰子咕咕洛夫麵包
068　鮭魚菠菜辮子麵包
070　軟骨熱狗堡
072　益生菌牛角麵包
074　貝果麵包
076　司康肉鬆海苔
078　壽司麵包捲
080　能量棒
082　披薩麵包
084　軟綿麵包

（濟南一諾寵物美容培訓學校校長 - 張文彬提供）

（蔡雨婷老師提供）

〈B、創意餅乾〉

088	雞肉燕麥餅乾	104	三鮮薄荷餅乾
090	南瓜椰子脆餅	106	蔬菜彩虹脆片
092	鮭魚紫薯圈	108	無麩質藜麥餅乾
094	骨頭餅	110	肉桂條
096	薄荷餅乾	112	雞肝餅乾
098	鴨肉餅乾	114	暖胃薑餅
100	亞麻籽餅	116	裝飾蛋白餅乾
102	起司餅乾	118	海藻鈣骨餅

〈C、歐風甜點〉

122	雷明頓蛋糕	132	胡蘿蔔馬芬蛋糕＆冰淇淋
124	檸檬茶點蛋糕	134	肉糜
126	慕斯蛋糕	136	瑪德蓮
128	咕咕霍夫	138	杰瑞芝士蛋糕
130	布朗尼	140	馬卡龍

〈D、午茶時光〉

144	羊奶溶豆	156	可麗露
146	荷包蛋	158	達克瓦茲
148	雞肉泡麵	160	義大利麵
150	蔬菜卷	162	雞蛋糕
152	羊奶片	164	消暑西瓜冰
154	冰淇淋		

〈E、中式糕點〉

168	蛋黃酥	178	餃子
170	廣式月餅	180	蔥油餅
172	紅龜粿	182	蛋塔
174	元宵	184	小豬包
176	綠豆凸	186	桃酥

188　是非題
190　選擇題

〈材料介紹〉

生雞肉	 熟雞肉（打碎）	 雞肝
 白魚肉	 生鮭魚	 鮭魚乾
 鮭魚皮	 鯖魚乾	 鮭魚鬆

材料介紹

蝦仁鬆	蝦仁乾	牛肉乾
明太魚粉	綠唇貽貝	綠唇貽貝粉
紅蘿蔔泥	南瓜泥	紫薯泥

地瓜泥	燕麥片	燕麥粉（燕麥片打成粉）
小米	小米粉（小米打成粉）	奇亞籽
黑芝麻	亞麻籽	亞麻籽粉（亞麻籽打成粉）

材料介紹

| 椰子粉 | 角豆粉
（不含可可脂） | 芝麻粉 |

| 螺旋藻粉
（海藻鈣粉） | 無糖優格 | 無乳糖牛乳 |

| 無糖奶油乳酪 | 菠菜汁 | 椰子油 |

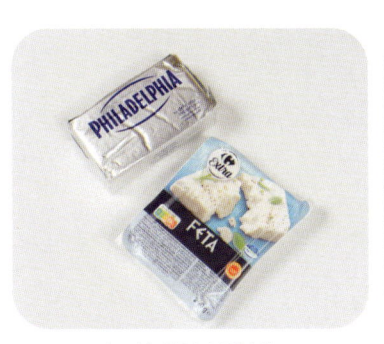

17

大綱一
犬貓營養基礎理論

（蔡雨婷老師提供）

壹.犬貓營養基礎理論：

（一）犬貓的主要的營養消化生理方面，具有一些獨特的特徵：

1. 消化系統結構

犬：犬的消化系統相對較長，腸道較為發達，胃酸濃度通常在 pH 值 1 到 2.5 之間，適合消化多樣化的食物，包括肉類和植物性食物。

貓：貓的消化系統相對較短，腸道較小，胃酸濃度約為 pH 值 1.5 到 2.0，這使得它們能有效消化肉類和清除食物中的細菌，能更有效地消化蛋白質和脂肪。

2. 口腔

犬貓的唾液中含有消化酶，其主要功能是潤滑。

牙齒

犬：有尖銳的犬齒，適合撕扯肉類，出生後十天才會開始長出乳牙，乳牙有 28 顆，長到到 16 週齡（約 4 個月大）會開始換牙，在換牙時會特別喜歡咬東西，可以給他們有彈性的球、橡膠玩具、磨牙玩具啃咬，也要特別注意鈣質的攝取。

9 個月大時牙齒會全部換成恆齒。恆齒的意思就是「斷掉或拔掉後就再也長不回來的牙齒」，恆齒比乳牙更大顆，更厚，尖端也更圓潤一些。成犬一般來說會有 42 顆牙齒。

貓：牙齒共有 30 顆，4 顆犬齒、4 顆臼齒、10 顆前臼齒及 12 顆門牙。呈倒三角形，尖銳且適合撕咬剪切等動作。

3. 胃

犬的胃容量較大，能夠容納較多的食物；貓的胃則更適合處理高濃度的蛋白質和脂肪。

4. 腸道

小腸：犬的小腸較長，有助於吸收各種營養素；貓的小腸相對較短，更適合快速消化和吸收肉類。

大腸：主要負責水分重吸收和纖維素的發酵。犬的大腸功能較強，貓的大腸則相對較小。

5. 消化酶

犬貓的胰臟分泌各種消化酶（如蛋白酶、脂肪酶和澱粉酶），能幫助分解食物中的蛋白質、脂肪和碳水化合物。

6. 膳食需求：

犬：雖是雜食性動物，但仍需高蛋白飲食，特別是在成長和運動期間。

貓：屬於絕對肉食性動物，對於某些必需氨基酸（如牛磺酸）的需求高於犬。

【牛磺酸取得的方式主要如下】

犬貓可從肉類（尤其是內臟）和魚類中獲取牛磺酸，或者從商業貓糧、補充劑中補充。

7. 益生菌：

益生菌在犬貓的腸道中有助於維持腸道健康，促進食物消化及吸收。

【犬貓如何攝取益生菌？】

犬可從商業犬糧、補充劑（犬專用的益生菌通常可直接添加到食物中）、天然食物（如無糖、無添加劑優格）中獲取益生菌。

貓可從商業貓糧、貓補充劑（通常以粉末或膠囊形式提供）、天然食物（如無糖、無添加劑的酸奶）取得益生菌來源，但仍需小心食物過敏。

在給予益生菌前，建議諮詢獸醫以確保適合您的寵物。

（二）犬貓的基礎營養學包括以下幾個主要方面：

1. 營養素的分類

①、蛋白質：必需的氨基酸來源，對於生長、修復和免疫系統功能至關重要。

【犬的優質蛋白質六大關鍵】

1 動物性蛋白質不要給太少	4 犬不需要植物性蛋白質
2 不要煮太久、避免劣質的蛋白質	5 經常更換含有動物性蛋白質的食材
3 給予完整的動物性蛋白質	6 每次餐點加入適量的鈣粉或給生骨頭

【貓的優質蛋白質】

貓在成長時需要含量很高的動物性蛋白質（佔比約 30-35％）的食物才能應付日常活動所需，且必須直接添加與食物中。

②、脂肪：提供能量並有助於脂溶性維生素的吸收。必需脂肪酸（如 Omega-3 和 Omega-6）對皮膚、毛髮及腦部健康很重要。

尤其脂肪是貓的主要能量來源，貓能有效地吸收並代謝脂肪，若缺乏必需脂肪酸可能產生成長遲緩、毛髮乾燥粗糙、皮屑多、精神不好等。脂肪來源為動物油、植物油、肥肉雞皮等（但不可用氫化椰子油有導致肝病的危險）。

③、碳水化合物：犬能利用碳水化合物作為能量來源，但貓的需求較低。適量的纖維有助於消化健康。

④、維生素：如維生素 A、D、E 和 B 群，對於犬貓的各種生理功能和免疫系統支持至關重要。

【維生素 A】動物肝臟（如雞肝、牛肝）、魚類（如鮭魚）

貓無法自行將胡蘿蔔素轉化成為維他命 A，缺乏維他命 A，可能會有皮膚、眼睛的健康問題。因此必須給貓含有豐富維他命 A 配方的市售飼料，每週可補充一兩次肝臟類食物，經獸醫指示可視情況給綜合維他命或魚肝油。

【維生素 D】魚肝油、蛋黃

【維生素 E】

植物油（如亞麻籽油、葵花油）、堅果（如杏仁，注意切碎以避免窒息）

【維生素 B 群】

肉類（如牛、雞肉）、魚類（如金槍魚）、豆類（如適量扁豆），貓對維他命 B 需求比犬多約兩倍的量

⑤、礦物質：包括鈣、磷、鈉、鉀等，對犬貓的骨骼健康和生理平衡非常重要。

【鈣】

乳製品（如適量牛奶、酸奶）、魚類（如魚骨）、綠葉蔬菜（如甘藍、菠菜）

【磷】 肉類（如雞、牛肉）、魚類（如鮭魚、金槍魚）、蛋類

【鈉】 肉類和魚類（自然含鈉）、商業犬貓糧

【鉀】 肉類（如雞、牛肉）、魚類、香蕉（適量）、甜薯（適量）

2. 能量需求

犬貓的能量需求受多種因素影響，包括年齡、體重、活動量和生理狀態（如懷孕、哺乳等）。

【犬一日所需的基本熱量】

5 公斤左右　350 大卡
10 公斤左右　600 大卡
20 公斤左右　1000 大卡
30 公斤左右　1400 大卡

【成貓一日所需的基本熱量】

每公斤體重乘上 70～90 大卡
懷孕母貓再乘上 1.5 倍
哺乳母貓則乘上三倍

3. 水分

水是生命必需品，對於代謝、消化和體溫調節至關重要。需確保犬貓有充足的新鮮水源。

【犬一日所需的水量】

犬每天需要攝入每公斤體重 30～60 毫升的水量。炎熱天氣或者狗狗進行劇烈運動時水分需求可能會增加。而煮沸過的自來水，對犬來說是最好的選擇。最好能夠每日更換水盆的水一到兩次。

【貓一日所需的水量】

貓每日需要攝入每公斤體重 40～60 毫升。

例如，如果您的貓體重為 4 公斤，那麼每天建議可以喝 120ml～240ml 的水。如果您的貓主要吃乾糧，那麼可能需要更多的水分來補充。相反，如果平常主要吃濕食，那麼可能已經從食物中獲得了部分所需的水分，有時會稍微減少一些水分攝取。

（蔡雨婷老師提供）

4. 生命階段的需求

幼犬幼貓需要「高蛋白質」和「高能量」以支持生長

成年犬貓則需保持體重和健康

老犬老貓則可能需要「低熱量」、「高纖維」的飲食以應對新陳代謝減緩。

①、犬：

【犬的進食次數隨年齡而改變】

幼犬出生三個月（4次／日）→ 幼犬出生六個月（3次／日）→ 成犬（2次／日）

②、貓：

【幼貓餵養的原則】

a 少量多餐：小貓消化道短而且成熟度不夠，宜少量多餐減輕消化道負擔。

b 幼貓專用貓食：帶回小貓時，建議和原飼主或獸醫討論哪種貓食最適合牠。

c 不宜任意變換食物：若需改變食物，宜循序漸進，剛開始新舊貓食以 1:9 餵食，並 10 天為期程，慢慢轉換成新貓食。如果有腹瀉現象，則應和獸醫師討論。

【成貓餵養的原則】

貓咪滿一歲時就已經是人類的成年年齡，大約相當於人類的 18 歲。

a 定時定量：一天餵貓兩次定時定量，並且在 10 分鐘後收走，貓咪只要錯過了用餐時間，就得等下一餐，這樣可以訓練貓咪專心吃完碗中的食物，也可以知道貓咪的胃口如何？有沒有生病等等，更可以防止貓咪發胖。

b 餵食成貓專用貓食：因為幼貓跟成貓的營養需求是不一樣的，誤食會造成身體負擔。

c 保持貓碗的清潔：貓咪是很有潔癖的動物，一但牠的貓碗不乾淨，牠會拒絕喝水甚至拒食。

【老年貓餵養的原則】

一般而言，超過 11 歲的貓，可是為高齡／老年。

a 提供軟一點的食物

b 提供高纖食物

c 提供味道重的食物

d 提供低熱量貓食

5. 飲食來源

①商業飼料

應選經科學驗證的品牌確保成分標示清晰，符合 AAFCO 標準提供完整的營養。

②鮮食

完美鮮食比例：穀類 10～15%、肉蛋奶類 60～70%、蔬菜與根莖類 30%、適量的魚油與鈣粉。

【適合犬的鮮食】

碳水化合物	糙米、白米飯（粉）、小米、蕃薯、南瓜、馬鈴薯、芋頭、蓮藕、山藥等。
肉類	雞胸、豬、牛、羊、兔、鴿、鹿、馬、駝鳥肉等。
蔬菜	綠葉蔬菜、高麗菜、豆類、香菜、紅白蘿蔔、成熟的蕃茄、白綠花椰菜、牛蒡、甜菜根等。
水果	香蕉、去皮、籽的蘋果、去籽的芭樂、草莓、去核芒果、去核桃子、藍莓、木瓜、西瓜、哈密瓜、火龍果、奇異果、柳丁、鳳梨等。
油脂	橄欖油、魚油、椰子油、葡萄籽油、葵花籽油、亞麻仁籽油、巴西堅果、花生、松子等。
大骨	富含礦物質膠原蛋白等。
無鹽起司	有狗狗喜歡的香氣。
無糖優格	含益生菌。
雞蛋	含豐富蛋白質。
蜂蜜	含多種營養。
乾貨	乾香菇、有機枸杞、羊栖菜等。

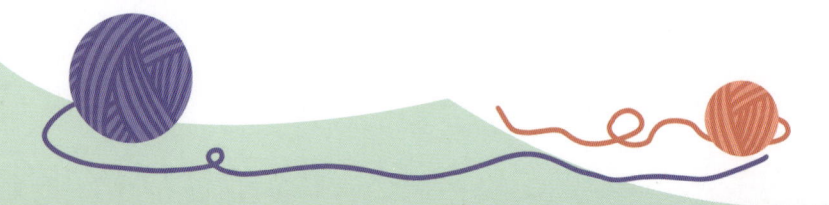

【適合貓的鮮食】

✅	生蛋黃	含有維生素A和蛋白質。
❌	生蛋白	會破壞生蛋黃中生物素抑制生物素妨礙貓咪的成長和毛髮的光澤。
❌	生魚	含有破壞維生素B1的酵素貓咪會有維生素B1不足的情形。
✅	熟雞胸肉	可補充動物性蛋白質。 紅肉類最好不要過度烹煮，會讓其中豐富的維生素流失60%以上。 白肉類則要煮熟，避免細菌滋生引起食物中毒。

【自製貓的鮮食】

自己調理美味貓食只要使用各種新鮮肉類、蔬菜，加上適量的維生素和礦物質即可。不但比市售貓食美味，且不含任何化學添加物和防腐劑，是無可挑剔的選擇，不過要注意可能會因為忽略某些營養素而出現健康問題。

【飼養貓需要注意的事項】

定期餵食化毛膏（避免貓咪腸阻塞）、在貓日常生活的訓練過程中可以給予小烘焙點心作為獎勵。

6. 營養不良的風險

不平衡的飲食可能導致「過度肥胖」、「營養不足」或其他健康問題。定期檢查體重和健康狀況很重要。這些基礎知識有助於了解犬貓的營養需求，促進其健康和福祉。

犬貓的肥胖標準通常根據其體重、體型和身體條件評估：

肥胖的貓犬通常會有：明顯的肚腩、活動力減少、呼吸困難等問題。

【犬的理想體重】

依品種而異，例如小型犬一般在 4～8 公斤，大型犬可在 25 公斤以上。

身體條件評估：肋骨可觸及但不明顯，腰部明顯凹進。

【貓的理想體重】

通常在 3.5～5.5 公斤之間，具體視品種而定。

身體條件評估：如果不能摸到貓的肋骨，或是牠的肚皮已經拖到地板時就表示貓咪太胖了。必須立刻停止供應零食，並仔細看清楚貓食包裝上的熱量說明，嚴格管制熱量攝取，一般成年貓咪每天所需要的熱量不應該超過 400 大卡。

另外增加貓咪的運動量多和牠玩遊戲消耗牠的熱量。每星期至少幫貓咪量一次體重，以確定體重在控制中。請教獸醫師訂定減重計劃，並考慮處方減肥貓食。

造成貓肥胖的因素：高熱量食物、運動量太少、內分泌失調、絕育、藥物影響。

（蔡雨婷老師提供）

【如何判斷犬是否健康？】

《外觀》觀察毛髮是否亮澤、皮膚是否無異常、眼睛是否明亮。

《體重》瘦或過胖都可能是健康問題的徵兆。

《食慾》食慾是否正常且有規律。

《排便》觀察排便是否正常，有無腹瀉或便秘。

《活動度》正常活躍，無明顯不適。

《呼吸》正常呼吸頻率，無困難。

《口腔健康》檢查牙齒、牙齦是否健康。

【如何判斷貓的健康？】

利用觀察外型判斷貓咪是否健康

《耳朵》應該乾淨無臭味。

《口腔》口腔黏膜紅潤無血絲，牙齒潔白，牙齦健康無牙齦發炎。

《眼睛》眼瞼黏膜是否紅潤無血絲，雙眼明亮有神，無分泌物。

《鼻子》應濕潤有光澤。

《肛門》四週乾淨無糞便，若有沾黏到糞便，表示有腹瀉狀況。

（葉雅琦老師提供）

【補充】

1. 犬為什麼不能吃素？

    人類為雜食性動物，當食物到達胃部時，會停留在此消化半個小時左右進入小腸的大腸，接著在腸道停留數小時，甚至長達 10 小時以上；但狗的腸胃道與人類不同，牠們的胃部消化食物會花上好幾個小時，此時胃酸已經把大部分的細菌殺死，這也是狗吃地上的東西不會拉肚子的原因。

    狗的消化系統主要並不是用來吸收碳水化合物與纖維的，所以當食物進入腸道後會在很短的時間內被排出來，因此人類餐點的食材比例或吃全素並不適合套用在狗身上。

2. 犬絕對不能吃的食材

巧克力 可用角豆粉替代	茶和咖啡 茶鹼對狗有毒	肥肉與雞皮 會產生嘔吐拉肚子或胰臟炎	酒精 會嘔吐身體不適甚至死亡
洋蔥與青蔥 硫代硫酸鹽會破壞狗身體裡的紅血球循環、導致貧血	夏威夷豆 含有某種毒素，會導致供地消化系統與神經系統失調	葡萄與葡萄乾 容易發霉而損壞狗的腎臟功能或造成腎衰竭 但葡萄籽油對狗的身體是有益處的唷	果核 會阻塞在消化道
胡椒與辛香料 少許的薑黃可	含有鹽巴或帶有鹹味的食物 導致電解質失衡	生麵糰 會脹氣	木糖醇 對狗來說比巧克力的毒性更強
生蛋白 可能有沙門氏菌	生鮭魚和鱒魚 有寄生蟲的疑慮	零食與加工食品 例如甜不辣、魷魚絲、豆乾、洋芋片等	發霉或是過期的食物

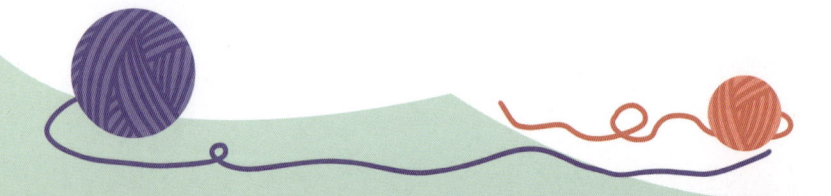

3. 犬需小心使用的食材

   ①、骨頭

   生骨頭是很好的選擇，可給予雞鴨鵝等家禽骨頭（不含脖子）或骨頭較粗的牛骨或豬大骨，在餵食前可將骨頭置於零下 16 度的冷凍環境，利用低溫殺菌 。若仍擔心細菌問題，可將生骨頭放入沸水中煮 10 秒鐘。

   ②、奶製品

   過量的奶製品會造成腹瀉或消化不良，以零脂牛奶、羊奶為佳。

   ③、酪梨

   酪梨的葉子和果核含有微量毒素，攝取過量，會引發嘔吐腹瀉等症狀。來自瓜地馬拉的酪梨比較危險，但加州的酪梨就不必太擔心。

   ④、肝臟

   肝臟含有豐富的維生素 A 和 D，其香味讓狗為之瘋狂，它能當成最高級的獎勵零食， 但因油脂含量過高餵食量不要超過一餐的 5%。

4. 貓可以吃一些人類的食物

   以下是一些適合貓咪的食材以及他們的好處：

   ①、護毛亮麗

   鮭魚富含 Omega-3 脂肪酸，有助於保持毛髮亮麗和皮膚健康。蛋黃：提供維生素和蛋白質，有助於毛髮順亮。無鹽起司：富含鈣和蛋白質，有利於毛髮生長。

   ②、雙眼水亮

   紅蘿蔔富含胡蘿蔔素有助於保護視力。藍莓富含維生素 C 有助於改善夜視能力。雞肝富含維生素 A 有助於舒緩淚痕。

   ③、骨骼發育

   去殼鮮蝦、雞胸肉、鱈魚富含蛋白質和礦物質，有助於骨骼發育。

   ④、肌肉強健

   鴨肉、羊肉、牛肉、鵪鶉提供蛋白質，有助於肌肉生長和保持活力。

5. 會令貓中毒的食物

   貓咪的肝臟不像其他動物有完整的功能，因此毒性容易累積在身體中造成中毒現象。有些食物或藥物是絕不能讓貓咪碰到的，例如:巧克力、洋蔥、大蒜、普拿疼。

大綱二
犬貓營養學

（濟南一諾寵物美容培訓學校校長 - 張文彬提供）

貳. 犬貓營養學：

（一）犬貓能量營養

1. **能量需求**

   ①、基礎代謝率（BMR）

   指安靜狀態下維持基本生理功能所需的最低能量。

   ②、總能量消耗（TDEE）

   包BMR和活動所需的能量。影響因素包括年齡、體重、活動量和生理狀態（如懷孕、哺乳）。

2. **能量來源**

   ①、蛋白質

   每克約提供 4 千卡能量，主要用於生長、維修和免疫功能。

   ②、脂肪

   每克提供約 9 千卡，是能量最豐富的來源，對於犬貓的能量需求尤其重要。

   ③、碳水化合物

   每克約提供 4 千卡，但犬貓對碳水化合物的需求較低，主要用於提供快速能量和纖維素。

3. **能量計算**

   ①、計算犬貓的 TDEE 可根據以下公式：

   犬：TDEE = BMR × 活動因子（如靜態、適度活動、活躍）

   貓：TDEE = BMR × 1.2（靜態）至 1.8（活躍）

②、適合貓犬的活動可依其活動水平分為靜態、適度和活躍的類型：

【靜態活動】

　　玩具互動：使用懸掛玩具或球，讓貓犬輕輕拍打。

　　嗅覺遊戲：隱藏食物或零食，讓它們尋找。

　　輕柔的撫摸：增進感情和放鬆。

【適度活動】

　　短時間散步：適合狗狗，貓咪可在安全區域活動。

　　玩接球：適度的跑動，適合犬隻。

　　抓捕遊戲：用羽毛棒或激光筆讓貓咪追逐。

【活躍活動】

　　長時間散步或慢跑：適合活躍的犬隻。

　　障礙賽：設計障礙讓狗狗跳過或爬過。

　　貓爬架：貓咪可以在上面爬高和跳躍，增強運動量。

4. 飲食考量

確保選擇均衡的商業飼料，滿足犬貓的能量需求。根據犬貓的年齡和活動量定期調整飲食，以維持健康體重和整體健康。理解犬貓的能量營養有助於提供適當的飲食，促進其健康和生活質量。

①、蛋白質與氨基酸營養

a 蛋白質營養

　a－1 蛋白質的功能

　構建組織：蛋白質是肌肉、皮膚、毛發和內臟等組織的主要成分。

　生理活動：參與酵素、激素、抗體的形成，調節代謝和免疫反應。

　能量來源：在能量不足的情況，蛋白質可轉化為能量，雖然這不是其主要功能。

a−2 蛋白質的來源

動物性蛋白：如肉類、魚類和蛋，提供完整的必需氨基酸組合，易於消化。

植物性蛋白：如豆類和穀物，通常缺乏某些必需氨基酸，需與其他食物搭配達成均衡。

a−3 蛋白質的需求量

犬：成年犬的蛋白質需求通常約為其體重的 15-25%。

貓：因為是絕對肉食性動物，對蛋白質的需求較高，通常需佔飲食的 30% 以上。

a−4 蛋白質質量

高品質蛋白質：含有所有必需氨基酸，易於消化的蛋白質來源（如雞肉、魚肉）更有益於犬貓的健康。

a−5 營養不良的風險

蛋白質不足會導致生長遲緩、免疫系統弱化、肌肉萎縮等問題，過量則可能加重腎臟負擔。

a−6 蛋白質補充

選擇商業飼料時：應確保其標示清晰，並含有足夠的高品質蛋白質，適合犬貓的不同生命階段和健康狀況。了解蛋白質的營養特性有助於為犬貓制定均衡飲食，支持其整體健康和福祉。

b 氨基酸營養

氨基酸的基本概念

構成單位：氨基酸是蛋白質的基本組成部分，犬貓的健康依賴於氨基酸的充分攝取。

b−1 必需氨基酸

犬貓無法自行合成，必須通過食物獲得。對於貓而言，牛磺酸、精氨酸、色氨酸等尤為重要。

貓犬食物中含有牛磺酸、金氨酸和色氨酸的食物包括：

【牛磺酸】 肉類（如雞肉、牛肉、豬肉）、魚類（如鮭魚、金槍魚）、動物內臟（如肝臟）

【金氨酸】 肉類（如牛肉、雞肉）、魚類、蛋類

【色氨酸】 肉類（如火雞、雞肉）、魚類、乳製品（如牛奶、酸奶）、

全穀類（如燕麥、米）

b－2 非必需氨基酸

犬貓的身體可以合成，這些非必需氨基酸通常可以通過均衡的飲食獲得，尤其是在含有豐富蛋白質的食物中。但在特定情況下（如疾病、成長期）可能需要額外攝取。

b－3 主要必需氨基酸

【犬的必需氨基酸】

精氨酸、甲硫氨酸、色氨酸、亮氨酸、纈氨酸、異亮氨酸

犬的必需氨基酸主要來源於以下食物：

肉類：雞肉、牛肉、豬肉：提供多種必需氨基酸。

魚類：鮭魚、金槍魚：富含必需氨基酸及 Omega-3 脂肪酸。

蛋類：雞蛋（提供完整的必需氨基酸）。

乳製品：牛奶、酸奶：含有多種必需氨基酸和鈣質。

豆類：扁豆、黑豆：雖然植物性，但能提供部分必需氨基酸。

【貓的必需氨基酸】

牛磺酸（特別重要，缺乏會導致健康問題）、精氨酸、蘇氨酸

貓的必需氨基酸主要來源於以下食物：

肉類：雞肉、牛肉、豬肉：富含必需氨基酸，尤其是牛磺酸。

魚類：鮭魚、金槍魚：提供多種必需氨基酸和 Omega-3 脂肪酸。

內臟：肝臟（含有豐富的必需氨基酸和維生素）。

蛋類：雞蛋（提供完整的必需氨基酸）。

乳製品：牛奶、酸奶（適量）含有必需氨基酸和鈣。

／　貓是肉食性動物，必需氨基酸主要來自動物性食物　／

b－4 氨基酸的功能

蛋白質合成：用於製造身體內的各種蛋白質，支持生長和修復。

代謝作用：參與新陳代謝過程，調節生理功能和能量平衡。

神經傳導：某些氨基酸（如色氨酸）是神經遞質的前體，影響情緒和行為。

b-5 氨基酸的來源

動物性食物：如肉類、魚類、蛋，提供完整的氨基酸組合。

植物性食物：如豆類和穀物，通常缺乏某些必需氨基酸，需與其他食物搭配以獲得完整的氨基酸。

b-6 氨基酸的需求量

犬：成年犬每日需要的蛋白質約占其飲食的 15-25%，氨基酸需求視具體食物而異。

貓：因為是絕對肉食性動物，通常需要高達 30% 以上的蛋白質。

b-7 營養不良的風險

氨基酸不足：會導致生長遲緩、免疫系統弱化、肌肉萎縮等健康問題。

過量風險：某些氨基酸過量攝取可能對腎臟造成負擔。

b-8 營養補充

選擇高品質的商業飼料時，應確保其提供足夠的必需氨基酸，並適合犬貓的不同生命階段和健康狀況。

理解氨基酸的營養特性有助於制定適合犬貓的飲食計劃，促進其健康和福祉。

②、碳水化合物與水的營養

a 水與犬貓營養

a－1 水的重要性

生命必需：水是所有生命過程的基礎，對犬貓來說至關重要。

生理功能：

代謝反應：水是化學反應的介質，參與食物消化、營養素吸收和能量產生。

體溫調節：通過出汗和呼吸等方式調節體溫。

廢物排除：促進腎臟的排毒功能，幫助排出體內的廢物和毒素。

a－2 日常水需求

需求量：犬貓每天需要的水量取決於多個因素，包括體重、活動量、飲食（濕食與乾食）和環境溫度。

一般建議犬貓每日攝取約 50～70 毫升水／公斤體重。

a－3 水的來源

飲用水：應確保提供新鮮、乾淨的飲用水，定期更換水源。

食物水分：濕食（罐頭食品）通常含有較高水分，可部分滿足水分需求。相對而言，乾食則需要更多的飲水。

a－4 水分不足的影響

脫水：缺水會導致脫水，出現食慾減退、無精打采、尿液顏色變深等症狀，嚴重時可能危及生命。

尿路健康：不足的水分攝取可能導致尿路問題，如結石或尿道堵塞，尤其在貓中更為常見。

a－5 促進水分攝取的建議

多個水源：在家中不同位置提供水碗，以鼓勵飲水。

流動水：使用飲水機可以吸引犬貓喝水，因為流動的水更具吸引力。

調整飲食：選擇適合的飲食，並考慮混合濕食和乾食，以增加水分攝取。

總結

水對於犬貓的健康至關重要，應確保其獲得足夠的水分以支持其生理功能，並降低健康風險。了解水的需求和來源，能夠幫助提供更好的護理。

b 碳水化合物營養

b-1 碳水化合物的類型

單糖：最簡單的碳水化合物，如葡萄糖和果糖，能迅速提供能量。

雙糖：由兩個單糖組成，如蔗糖和乳糖，較易消化。

多醣：如澱粉和纖維，為長鏈的碳水化合物，提供穩定的能量來源。

b-2 功能

能量來源：碳水化合物是主要的能量來源，特別是在運動或活動時。

纖維：有助於腸道健康，促進消化，預防便秘。

犬貓需適量纖維以維持良好的腸道運作。

b-3 貓犬預防便秘可以考慮以下幾種食物：

高纖維食物：例如南瓜、胡蘿蔔、菠菜等，可以幫助促進腸道蠕動。

專用飼料：選擇添加纖維的狗貓飼料，這些飼料通常會標明有助於腸道健康。

濕食：濕狗糧或貓罐頭能提供更多水分，幫助維持排便正常。

飲水：確保它們隨時有乾淨的水源，水分攝取充足也有助於預防便秘。

b-4 犬貓的需求

犬：雖然是雜食性動物，但仍需攝取適量的碳水化合物。一般建議犬的飲食中碳水化合物應 10～30％。

貓：貓是絕對肉食性動物，對碳水化合物的需求較低，通常建議限制在 5～10％ 左右。

b-5 碳水化合物的來源

健康來源：犬貓常見的碳水化合物

穀物（如米、燕麥）、根莖類（如土豆、紅薯）、一些蔬菜（如胡蘿蔔）

b-6 注意事項

過量攝取：過多的碳水化合物可能導致肥胖和相關的健康問題，如糖尿病。

低質量碳水化合物：應避免含有過多添加糖或不易消化的碳水化合物的食物。

總結

碳水化合物是犬貓飲食中重要的能量來源，適量攝取有助於維持健康。選擇高品質的碳水化合物來源，並根據犬貓的需求調整飲食，能夠促進其整體健康和福祉。

③、脂類營養

a 脂類營養

a-1 脂類的類型
飽和脂肪：
主要來自動物來源，如肉類和乳製品，通常在室溫下為固體。
不飽和脂肪：
單不飽和脂肪：如橄欖油和魚油，對心臟健康有益。
多不飽和脂肪：如 Omega-3 和 Omega-6 脂肪酸，對免疫系統和皮膚健康重要。

a-2 功能
能量來源：每克脂肪提供約 9 千卡能量，為犬貓提供高效的能量來源。
必需脂肪酸：如 Omega-3 和 Omega-6，對生長、發育和維持細胞結構至關重要。
脂溶性維生素的吸收：脂類幫助吸收維生素 A、D、E 和 K。

a-3 犬貓的需求
犬：成年犬的脂肪需求約佔飲食的 8～15%。
貓：因為是絕對肉食性動物，通常需佔飲食的 20～30% 以滿足其高能量需求。

a-4 脂類的來源
健康來源：魚油（富含 Omega-3）、橄欖油和亞麻籽油（提供必需脂肪酸）、動物脂肪（如雞脂和牛脂）

a-5 注意事項
過量攝取：過多的脂肪可能導致肥胖和相關的健康問題。
不良脂肪：避免過多的加工脂肪和反式脂肪，這些可能對健康有害。

【 對貓犬來說，以下類型的產品通常含有較多的不良脂肪 】

油炸食品：如薯條、炸肉類等，這些食物通常含有反式脂肪。

加工零食：如某些商業狗貓零食、餅乾等，可能添加了高飽和脂肪和反式脂肪。

人類食物：如披薩、漢堡、奶油蛋糕等，含有大量不健康的脂肪。

低品質的動物脂肪：某些低端飼料可能使用低品質的動物脂肪，這些脂肪不利於健康。

總結

脂類是犬貓飲食中的重要組成部分，提供能量、必需脂肪酸及支持脂溶性維生素的吸收。確保選擇高品質的脂肪來源，並根據犬貓的需求適量調整飲食，以促進其整體健康和福祉。

b 能量營養

b-1 能量的來源

蛋白質：每克約 4 千卡能量，主要生長和修復，但能量不足時也可作為能量來源。

脂肪：每克約 9 千卡能量，是能量最豐富的來源，對犬貓的日常能量需求尤其重要。

碳水化合物：每克約 4 千卡能量，雖然犬貓的需求較低，但仍然是重要的能量來源。

b-2 犬貓的能量需求

犬：成年犬的能量需求大約為每公斤體重 90 千卡（根據活動量可調整）。

貓：成年貓的能量需求約為每公斤體重 80～100 千卡（同樣根據活動量調整）。

b-3 注意事項

能量過量：過量攝取能量會導致肥胖及相關健康問題，如糖尿病和關節病。

能量不足：不足的能量攝取會影響生長、免疫系統和整體健康。

總結

能量營養是犬貓飲食的核心，確保提供足夠的能量來源和合理的攝取量，有助於維持其健康和活力。選擇均衡的飲食，並根據具體需求進行調整，是關鍵。

（二）維生素與礦物質營養

1. 維生素營養

①、維生素的分類

【水溶性維生素】

維生素 B 群

　　　B1（硫胺素）：促進能量代謝，有助於神經系統健康。

　　　B2（核黃素）：參與能量產生，支持皮膚和眼睛健康。

　　　B3（菸鹼酸）：有助於能量代謝和消化系統功能。

　　　B6（吡哆醇）：參與蛋白質代謝和免疫功能。

　　　B12（氫鈷胺）：對紅血球生成和神經健康至關重要。

葉酸：支持細胞增殖和 DNA 合成。

維生素 C：抗氧化劑，促進免疫系統，支持皮膚和毛髮健康。

【脂溶性維生素】

維生素 A：促進視力、免疫系統功能和皮膚健康。

維生素 D：調節鈣磷代謝，促進骨骼健康。

維生素 E：強效抗氧化劑，保護細胞免受氧化損傷。

維生素 K：參與血液凝固及骨骼健康。

②、維生素的功能

代謝支持：維生素參與能量代謝、脂肪和蛋白質的合成。

免疫功能：增強免疫系統，保護犬貓免受疾病。

細胞修復和生長：維生素在細胞的增長和修復過程中扮演重要角色。

抗氧化：維生素 E 和 C 等抗氧化劑有助於抵抗自由基，保護身體細胞。

③、維生素需求

犬貓的需求量：每種維生素的需求量不同，通常取決於年齡、活動水平和健康狀況。商業飼料通常會提供適當的維生素含量。

【貓犬在不同年齡階段的飲食需求會有所不同】

幼犬與幼貓（0-1歲）

需求：高能量、高蛋白質的飼料，支持生長和發展。

注意：選擇專為幼犬或幼貓設計的配方。

成年犬與成貓（1-7歲）

需求：均衡的飲食，根據活動量調整卡路里攝取。

注意：選擇高品質的飼料，避免過量攝取。

老年犬與老年貓（7歲以上）

需求：較低的卡路里攝取，但仍需高品質蛋白質，支持肌肉維持。

注意：可能需要添加關節保健成分，並減少脂肪含量以防肥胖。

③、營養不良的風險

維生素不足：可能導致生長遲緩、免疫系統弱化、皮膚病等健康問題。

過量攝取的風險：某些維生素（如維生素A和D）過量可能導致中毒，需謹慎管理。

總結

維生素是犬貓健康的重要組成部分，確保飲食中含有必要的維生素能促進其整體健康。選擇高品質的商業飼料，並根據其需求調整飲食，是維持犬貓健康的關鍵。

（葉雅琦老師提供）

2．礦物質元素營養

①、礦物質的分類

【宏量礦物質】

鈣：對骨骼和牙齒健康至關重要，參與神經傳導和肌肉收縮。

磷：與鈣一起維持骨骼健康，參與能量代謝。

鉀：調節體液平衡，支持心臟和肌肉功能。

鈉：參與體液平衡和神經傳導，對細胞功能至關重要。

氯：與鈉共同維持電解質平衡，參與消化過程。

【微量礦物質】

鐵：必需於紅血球的生成，參與氧氣運輸。

鋅：支持免疫系統、傷口癒合和皮膚健康。

銅：參與鐵的代謝，支持神經和免疫系統功能。

錳：參與骨骼發展和能量代謝。

硒：抗氧化劑，保護細胞免受損害，支持免疫系統。

碘：對甲狀腺功能和新陳代謝必不可少。

【犬貓的宏量和微量礦物質可以從多種食物中獲得，具體包括】

宏量礦物質

　　鈣：來源：奶製品、魚骨、綠葉蔬菜（如甘藍、菠菜）。

　　磷：來源：肉類、魚類、蛋類和全穀類。

　　鎂：來源：綠葉蔬菜、堅果、全穀類和豆類。

微量礦物質

　　鐵：來源：紅肉、肝臟、豆類、綠葉蔬菜和穀類。

　　鋅：來源：肉類、魚類、全穀類和乳製品。

　　銅：來源：肝臟、海鮮、堅果和全穀類。

　　錳：來源：全穀類、堅果、豆類和綠葉蔬菜。

　　硒：來源：海鮮、肉類、全穀類和種子。

　　碘：來源：海藻、魚類和碘化鹽。

②、礦物質的功能

　　骨骼健康：鈣和磷是骨骼結構的主要成分，缺乏可能導致骨骼問題。

　　代謝支持：礦物質參與多種生化反應，對能量生成和營養素代謝至關重要。

　　免疫系統：某些礦物質如鋅和硒對免疫系統功能有直接影響。

　　神經與肌肉功能：鈉、鉀、氯等礦物質參與神經信號傳遞和肌肉收縮。

③、礦物質需求

　　犬貓的需求量：不同礦物質的需求量各異，通常取決於年齡、活動水平和健康狀況。商業飼料通常會根據需求設計，提供適當的礦物質含量。

④、營養不良的風險

　　礦物質不足：可能導致各種健康問題，如貧血（鐵不足）、骨骼問題（鈣和磷不足）或免疫系統減弱（鋅不足）。

　　過量攝取的風險：某些礦物質（如鈣和磷過量）可能導致健康問題，如腎臟損害。

總結

礦物質是犬貓健康的重要組成部分，確保飲食中含有必要的礦物質有助於維持其生理功能和整體健康。選擇高品質的商業飼料，並根據犬貓的需求進行調整，是維持其健康的關鍵。

大綱三
寵物烘焙技術

參．寵物烘焙技術：

（一）烘焙基礎設備

以下是常見的烘焙基礎設備：

1. **烤箱**

    類型：傳統烤箱、對流烤箱或烤盤烤箱，選擇合適的烤箱可根據需求。

    功能：提供均勻的熱量，確保食品充分烘焙。

2. **烤盤**

    材質：不粘鍋、鋼烤盤、玻璃烤盤等。

    尺寸：根據食譜需要，通常有不同的尺寸和形狀（如圓形、方形、長方形）。

3. **攪拌器**

    類型：手持攪拌器或立式攪拌機。

    功能：用於混合食材，打發蛋白或奶油。

4. **量具**

    量杯：用於測量液體和乾燥食材。

    量匙：精確測量小量食材，如糖或香料。

5. **篩子**

    功能：過篩麵粉，去除顆粒，確保粉類均勻細膩。

6. **刮刀**

    類型：橡膠刮刀或硅膠刮刀。

    功能：用於攪拌、刮取碗中的食材，確保不浪費。

7. **打蛋器**

    類型：手動打蛋器或電動打蛋器。

    功能：打發雞蛋或混合液體食材。

8. **烤培紙**

    功能：防止食物粘黏，便於清理，保持烤盤乾淨。

9. **冷卻架**

    功能：讓烘焙好的食品冷卻，防止底部變濕。

10. **刀具與切板**

    功能：切割食材或修整烘焙成品，確保安全與衛生。

總結

具備這些基本設備可以幫助您順利進行烘焙。選擇合適的設備，保持衛生和安全，是成功烘焙的關鍵。

（二）寵物風乾零食製作

風乾零食是一種健康且美味的選擇，適合狗狗和貓咪。以下是製作寵物風乾零食的基本步驟和注意事項。

1. **食材選擇**

   肉類：雞肉、牛肉、豬肉、魚肉等，選擇新鮮、無添加劑的部位。如：頭等。

   蔬菜：如南瓜、胡蘿蔔、綠豆等，適合犬貓食用。

   水果：如蘋果（去籽）、藍莓、香蕉等。

   ＊蘋果必須去籽，因為蘋果籽含有氰化物（cyanide），這是一種對貓狗有毒的化合物。雖然少量的籽可能不會立即造成嚴重影響，但長期或大量攝取可能會導致中毒。因此，在給貓狗食用蘋果時，務必去除籽，確保安全。

2. **準備食材**

   清洗：徹底清洗所有食材，去除污垢和細菌。

   切割：肉類切成薄片（約 1/4 英寸厚），蔬菜和水果則根據需要切成合適的大小。

3. **風乾方式**

   烤箱風乾：

   預熱：將烤箱預熱至低溫（約 65-80°C）。

   排列：將切好的食材均勻放在烤盤上，避免重疊。

   風乾：將烤盤放入烤箱，打開烤箱門一小縫隙，以促進空氣流通，風乾時間通常為 2-6 小時，直到食物完全乾燥。

   食品脫水機：

   將食材放入脫水機的托盤上，設置合適的溫度（通常在 60-70°C），風乾時間視食材而定，通常為 4-10 小時。

4. **冷卻與儲存**

   冷卻：風乾後將食品放在冷卻架上，讓其完全冷卻，以防潮濕。

   儲存：將風乾的零食放入密閉容器中，儲存在陰涼乾燥的地方，或放入冰箱延長保存時間。

5. **注意事項**

選擇安全食材：避免對寵物有害的食材，如洋蔥、蒜、葡萄等。

調味品：不要添加鹽、糖或人工香料，保持自然健康。

監控乾燥過程：定期檢查食物狀態，避免過度乾燥導致變得過於脆弱。

總結

風乾零食是一種健康且自製的選擇，能讓寵物享受到天然美味。通過選擇適合的食材和正確的製作方法，您可以為寵物提供安全又營養的零食。

（三）寵物蛋糕製作

自製寵物蛋糕是一個特別的方式來慶祝寵物的生日或其他特別日子。以下是製作寵物蛋糕的基本步驟和食譜。

1. **食材選擇**

    基底：全麥粉或燕麥粉、雞蛋、無糖天然酸奶或肉湯

    甜味劑（可選）：蘋果醬（無添加糖）或蜂蜜（適量）

    添加成分：煮熟的雞肉、南瓜、胡蘿蔔或香蕉、無添加花生醬（確保不含木糖醇）

2. **基本食譜**

    簡易狗狗蛋糕

    材料：1 杯全麥粉、1/2 杯無糖蘋果醬、1 個蛋、1/4 杯無糖天然酸奶或肉湯、1/2 杯煮熟的南瓜或胡蘿蔔（可選）

    製作步驟：

    1. 預熱烤箱至 175℃。
    2. 在碗中，將全麥粉、蛋、蘋果醬和酸奶混合，攪拌均勻。
    3. 添加煮熟的南瓜或胡蘿蔔，混合均勻。
    4. 將混合物倒入預先塗油的蛋糕模具中，輕輕壓平表面。
    5. 烘烤約 25-30 分鐘，或直到插入中心的牙籤乾淨取出。
    6. 蛋糕冷卻後可脫模，切片供寵物享用。

3. **裝飾**

    天然奶油：可用無糖天然酸奶或奶酪作為蛋糕的裝飾。

    水果和蔬菜：可以用切片的香蕉、藍莓或胡蘿蔔裝飾蛋糕，增添美觀和口感。

4. **食品安全**

    確保所有食材無添加糖、鹽和對寵物有害的成分（如巧克力、洋蔥等）。適量給予，不要過量，確保寵物能消化。

總結

自製寵物蛋糕不僅健康美味，還能讓您的寵物感受到特別的關愛。通過選擇安全的食材和適當的製作方法，您可以創造出一個既美味又有營養的寵物蛋糕，為寵物的生活增添樂趣。

（四）花式糕點製作

為犬貓製作花式糕點是一種有趣且有創意的方式，可以用來慶祝特別的日子或作為獎勵。以下是幾種適合犬貓的花式糕點配方及製作方法。

1. 南瓜花式蛋糕

材料：1 杯南瓜泥（無糖）、1/2 杯全麥麵粉、1 個蛋、1/4 杯蜂蜜（可選，對於狗狗有效）、1 茶匙肉桂粉

製作步驟：

1. 預熱烤箱至 180℃。

2. 在碗中混合南瓜泥、全麥麵粉、蛋、蜂蜜和肉桂粉，攪拌均勻。

3. 將混合物倒入預先塗油的小蛋糕模具中。烘烤約 20-25 分鐘，直到蛋糕中心乾透。待冷卻後，可用刀修整形狀，並用南瓜泥裝飾。

2. 花生醬餅乾

材料：1 杯花生醬（無糖）、1 杯全麥麵粉、1 個蛋、1/4 杯水（根據需要調整）

製作步驟：

1. 預熱烤箱至 180℃。

2. 在碗中將花生醬、全麥麵粉和蛋混合，必要時加入水調整稠度。

3. 將麵團　平，切出喜愛的形狀（如骨頭、心形）。放在烤盤上，烘烤約 15-20 分鐘，至金黃。待冷卻後，可用花生醬或南瓜泥裝飾。

（濟南一諾寵物美容培訓學校校長 - 張文彬提供）

3. 魚肉蛋糕

材料：1 杯熟透的魚肉（如鮭魚，去骨）、1/2 杯燕麥、1 個蛋、1/4 杯南瓜泥

製作步驟：

1. 預熱烤箱至 180°C。
2. 將魚肉、燕麥、蛋和南瓜泥混合，攪拌均勻。倒入模具中，烘烤約 25 分鐘。待冷卻後，用魚肉碎和南瓜泥進行裝飾。

4. 水果冷凍小點

材料：1 杯無糖酸奶、1/2 杯切碎的藍莓和香蕉

製作步驟：

1. 將酸奶和切碎的水果混合均勻。
2. 倒入冰格或小模具中，放入冰箱冷凍約 4 小時。凍硬後取出，作為清涼的夏季點心。

注意事項

成分安全性：確保所用的食材對犬貓安全，避免有害成分（如巧克力、洋蔥等）。

適量提供：花式糕點應作為零食適量提供，觀察寵物的反應。

儲存方式：未食用的糕點可放入密閉容器中，冷藏或冷凍保存。

總結

製作犬貓花式糕點不僅能增添樂趣，還能促進它們的健康。通過選擇適合的食材和創意的裝飾，您可以為您的寵物製作出既美味又有趣的健康食品。

大綱三、寵物烘焙技術

（濟南一諾寵物美容培訓學校校長 - 張文彬提供）

（上優文化提供）

大綱四
食療烘焙技術

（蔡雨婷老師提供）

肆．食療烘焙技術：

食療烘焙技術專注於製作有助於犬貓健康的烘焙食品。這些食品通常包含有益成分，能改善其健康狀況或提供特定的營養需求。以下是一些基本原則和技術，幫助您為犬貓製作食療烘焙食品。

1. 食材選擇

    全穀類：使用全麥粉、燕麥粉等，提供纖維和營養。

    蛋白質來源：選擇雞肉、牛肉、魚肉或豆腐等，提供必要的氨基酸。

    蔬菜和水果：例如南瓜、胡蘿蔔、藍莓等，添加維生素和抗氧化劑。

    健康脂肪：使用亞麻籽油、魚油或椰子油，支持皮膚和毛髮健康。

2. 基本製作技巧

    攪拌和混合：將乾性材料（如麵粉、穀物）與濕性材料（如蛋、肉湯）充分混合，確保均勻。

    控制水分：根據食材的濕度調整水分，以確保餅乾或蛋糕的質地適中。

    避免過度攪拌：在加入麵粉後，輕輕攪拌，以保持食品的鬆軟口感。

3. 烘焙溫度與時間

    預熱烤箱：在開始烘焙之前，預熱烤箱至所需溫度（通常 180°C）。

    觀察顏色與質地：烘焙過程中，注意食物的顏色和質地，避免過烘或燒焦。

4. 配方範例

犬貓健康餅乾

材料：1 杯全麥麵粉、1/2 杯南瓜泥（無糖）、1/4 杯雞肉或牛肉泥、1 個蛋、1 湯匙亞麻籽油

製作步驟：

1. 預熱烤箱至 180°C。
2. 在碗中混合全麥麵粉、南瓜泥、肉泥、蛋和亞麻籽油，攪拌均勻。
3. 將麵團　平，切成小形狀。
4. 放在烤盤上，烘烤約 20 分鐘，至金黃色。
5. 待冷卻後即可供應。

5. 儲存與保存

冷卻：烘焙完成後，讓食物完全冷卻，避免潮濕。

儲存方式：將食物放在密閉容器中，冷藏可保存更長時間。

注意事項

成分安全：

確認所有食材對犬貓是安全的，避免使用危險成分（如巧克力、洋蔥等）。

定期變換食材：

可根據季節或寵物的健康需求調整食材，增添變化。

總結

食療烘焙技術不僅能製作出美味的犬貓食品，還能提供重要的營養支持。通過選擇合適的材料和技術，您可以為您的寵物提供健康、天然的烘焙食品，促進它們的整體健康。

（一）常用食療食材

以下是一些對犬貓健康有益的常用食療食材，這些食材能提供多種營養成分，幫助改善健康。

1. 穀物類	全麥麵粉：富含纖維和 B 群維生素，支持消化健康。 燕麥：有助於降低膽固醇，並提供能量和纖維。
2. 蛋白質來源	雞肉：低脂、高蛋白，適合犬貓的主要蛋白質來源。 牛肉：含有豐富的鐵和鋅，促進免疫系統健康。 魚肉：如鮭魚，富含 Omega-3 脂肪酸，有助於皮膚和毛髮健康。 豆腐：植物性蛋白，適合素食者。
3. 蔬菜	南瓜：富含纖維和維生素 A，有助於消化和視力。 胡蘿蔔：含有 β 胡蘿蔔素，有助於眼睛健康。 菠菜：富含鐵和維生素 K，有助於骨骼健康。
4. 水果	藍莓：高抗氧化劑，有助於增強免疫力。 香蕉：富含鉀，有助於心臟健康。 蘋果：含有纖維和維生素 C，適合作為健康零食。
5. 健康脂肪	亞麻籽油：富含 Omega-3 脂肪酸，有助於改善皮膚健康。 椰子油：含中鏈脂肪酸，有助於能量代謝。
6. 發酵食品	酸奶：含益生菌，有助於腸道健康，但需選擇無糖和無添加劑的產品。 納豆：富含維生素 K2，支持骨骼健康。
7. 調味料和香料	姜：具有抗炎作用，有助於消化。 肉桂：可以幫助穩定血糖，並具有抗氧化特性。

總結

這些常用的食療食材可以作為犬貓飲食中的重要組成部分，提供必需的營養和健康益處。根據個別寵物的健康需求和口味偏好，靈活調整食材選擇，將有助於提高它們的生活質量。

（二）食療配方設計

設計犬貓的食療配方需要考慮其營養需求、健康狀況以及食材的安全性。以下是一些設計配方的基本步驟和範例。

設計步驟

確定目標

明確配方的健康目的（如增強免疫、促進消化、改善皮膚健康等）。考慮寵物的年齡、體重及任何特定的健康問題。

選擇食材

蛋白質：選擇高品質的蛋白質來源（如雞肉、牛肉、魚肉、豆腐）。

穀物和纖維：選用全穀類（如燕麥、糙米）和蔬菜（如南瓜、胡蘿蔔）。

健康脂肪：添加亞麻籽油或椰子油以支持皮膚健康。

計算營養成分

確保配方中蛋白質、脂肪和碳水化合物的比例合理，通常可參考 40：30：30 的比例。根據食材的熱量計算整體熱量。

製作過程

烹飪方法：選擇蒸、煮或烤的方式，避免油炸。

食材處理：切丁或磨碎以便於混合和消化。

試吃與調整

初步製作後觀察寵物的反應，根據需要調整食材或口味。

食療配方範例

免疫增強配方

材料：1 杯雞肉（熟透切丁）、1/2 杯南瓜泥（無糖）、1/4 杯燕麥、1 湯匙亞麻籽油

製作步驟：

1. 將雞肉、南瓜泥、燕麥混合在碗中。加入亞麻籽油，攪拌均勻。
2. 可直接供應或冷藏保存。

促進消化配方

材料：1/2 杯牛肉（熟透切丁）、1/2 杯胡蘿蔔（蒸熟後切丁）、1/2 杯糙米（煮熟）、1 茶匙生薑（磨碎）

製作步驟：

1. 將牛肉、胡蘿蔔和糙米混合在碗中。加入生薑攪拌均勻。
2. 可熱食或冷藏供應。

皮膚健康配方

材料：1 杯魚肉（如鮭魚，熟透切丁）、1/2 杯菠菜（蒸熟後切碎）、1/4 杯藍莓、1 湯匙椰子油

製作步驟：

1. 將魚肉、菠菜和藍莓混合在碗中。加入椰子油，攪拌均勻。
2. 可冷藏保存，供寵物隨時享用。

注意事項

成分安全性：避免使用對犬貓有害的成分（如洋蔥、巧克力等）。

觀察反應：在引入新食材時，應觀察寵物的消化狀況和反應。

定期更換食材：根據季節或健康需求，變換食材，以保持飲食的多樣性。

總結

設計犬貓的食療配方需考慮多種因素，包括營養成分、食材的安全性和寵物的健康需求。通過選擇合適的食材和簡單的製作步驟，您可以為您的寵物提供健康、營養豐富的飲食，促進其整體健康。

（二）功能性飲品的製作

為犬貓製作功能性飲品可以幫助增強免疫力、改善消化、保持水分等。以下是幾種簡單的犬貓功能性飲品配方。

1. 免疫增強飲品

材料：1杯低鈉肉湯（雞肉或牛肉）、1茶匙蘋果醋（對於狗狗，可選用）1/2茶匙蜂蜜（對於狗狗，貓咪可省略）

製作步驟：

將低鈉肉湯加熱至溫暖，不要煮沸。加入蘋果醋和蜂蜜，充分攪拌均勻。待冷卻至室溫後，可以將其倒入寵物碗中。

2. 消化促進飲品

材料：1杯水、1湯匙南瓜泥（無糖、無添加）、1茶匙生薑水（可選）

製作步驟：

1. 將水和南瓜泥混合，攪拌均勻。
2. 若使用生薑水，可加進去繼續攪拌。冷卻後可供寵物飲用，適合幫助消化。

3. 皮膚健康飲品

材料：1杯水、1茶匙亞麻籽油或魚油（根據犬貓的需要）少量新鮮薄荷葉（可選）

製作步驟：

1. 將水和亞麻籽油（或魚油）混合。
2. 若使用薄荷葉，可以輕輕碎後加入以增添風味。倒入碗中，讓寵物飲用，有助於改善皮膚健康。

4. 排毒飲品

材料：1杯水、1小片檸檬（去籽）、1/2茶匙生薑（可選）

製作步驟：

將水、檸檬片和生薑放入攪拌器中，輕輕混合。過濾以去除固體，得到清爽的飲品。待冷卻後，可以供給寵物飲用。

注意事項

選擇安全成分：確保所使用的食材對犬貓是安全的，並避免使用任何對它們有害的成分（如巧克力、洋蔥等）。

適量飲用：功能性飲品應適量提供，觀察寵物的反應，確保它們能夠接受。

諮詢獸醫：在給寵物添加新飲品或食材前，最好諮詢獸醫，特別是有特殊健康狀況的犬貓。

總結

製作犬貓功能性飲品不僅可以增強它們的健康，還能提供額外的水分和營養。通過選擇適合的食材和簡單的製作過程，您可以為寵物提供美味又有益的飲品。

（蔡雨婷老師提供）

（三）犬貓功能性餅乾的製作

為犬貓製作功能性餅乾可以幫助增強健康、改善消化和增強免疫力。以下是幾個簡單的功能性餅乾配方。

1. 免疫增強餅乾

材料：1 杯全麥麵粉、1/2 杯南瓜泥（無糖）、1 個蛋、1 茶匙蜂蜜（可選，對狗狗有效）、1 茶匙肉桂粉

製作步驟：

1. 預熱烤箱至 180℃。
2. 在碗中混合全麥麵粉、南瓜泥、蛋、蜂蜜和肉桂粉，攪拌均勻。
3. 將混合物擀成適當厚度的餅乾麵團，切成形狀。
4. 將餅乾放在烤盤上，烘烤約 20-25 分鐘，直到邊緣變金黃。冷卻後供寵物享用。

2. 消化促進餅乾

材料：1 杯燕麥粉、1/2 杯香蕉泥（熟香蕉）、1 個蛋、1/4 杯南瓜泥、1 茶匙亞麻籽粉（可選）

製作步驟：

1. 預熱烤箱至 180℃。
2. 在碗中混合燕麥粉、香蕉泥、蛋、南瓜泥和亞麻籽粉，攪拌均勻。
3. 將混合物擀成適當厚度的麵團，切成小形狀。
4. 放在烤盤上，烘烤約 15-20 分鐘，至餅乾變硬。待冷卻後可供寵物享用。

3. 皮膚健康餅乾

材料：1 杯全麥麵粉、1/2 杯椰子油（融化）、1 個蛋、1/4 杯花生醬（無糖）、1 湯匙亞麻籽（磨碎）

製作步驟：

1. 預熱烤箱至 180℃。
2. 在碗中混合全麥麵粉、椰子油、蛋、花生醬和亞麻籽，攪拌均勻。
3. 將混合物擀成適當厚度的麵團，切成形狀。
4. 放在烤盤上，烘烤約 20 分鐘，直到邊緣微金黃。冷卻後供寵物享用。

注意事項

食材安全：確保使用的食材對犬貓是安全的，避免任何有害成分（如巧克力、洋蔥等）。

儲存方式： 將餅乾放在密閉容器中，保持新鮮。

適量給予：餅乾作為零食，應適量提供，並根據寵物的健康狀況進行調整。

總結

自製犬貓功能性餅乾是一種健康又美味的方式來增強它們的免疫力和整體健康。通過選擇適合的食材和簡單的製作過程，您可以為您的寵北歐物提供營養豐富的零食。

A 麵包工藝

許燕斌

63

雞肉羊奶菠蘿麵包

操作老師：許燕斌

✕ 製作數量｜約 14 個
⏰ 常溫可放 3 天、冷凍可放 1 個月

材料	公克
熟雞胸肉末	100
燕麥粉	150
羊奶粉	50
全蛋	1 顆（約 50g）
合計	**350**

表面裝飾	
全蛋液	適量

‼ 小叮嚀 ‼

1. 可使用蘋果泥取代水，增添麵包本身的甜度和風味。
2. 本產品為全齡犬皆可食用。

- 設備｜烤箱
- 準備器具｜直徑 1 公分平口花嘴、硬刮板、毛刷
- 分割重量｜每個 25 公克
- 烤焙溫度時間｜上下火 120/100℃、30 分鐘

A、麵包工藝

1. 熟雞胸肉末、燕麥粉、羊奶粉、全蛋放入攪拌缸中。
2. 使用槳狀，攪拌均勻。 
3. 拌勻後取出，裝入擠花袋中，使用直徑 1 公分平口花嘴。 
4. 擠在烤焙紙上，每個約直徑 5 公分大小、重量 25 公克。 
5. 手沾水，將表面壓平整。 
6. 使用硬刮板沾水。 
7. 在表面劃出格線紋路，製作出菠蘿麵包的樣子。 
8. 表面刷上全蛋液。 
9. 放上烤盤，入烤箱，上下火 120/100℃，烤約 30 分鐘。

南瓜椰子咕咕洛夫麵包

操作老師：許燕斌

✕ 製作數量｜約 9 個
⏰ 常溫可放 3 天、冷凍可放 1 個月

材料	公克
熟雞胸肉末	80
熟牛肉末	80
南瓜泥	120
椰子粉	80
亞麻籽粉	20
水	40
合計	420

‼ 小叮嚀 ‼

1. 可使用蘋果泥取代水，增添麵包本身的甜度和風味。

A、麵包工藝

- 設備｜烤箱
- 準備器具｜直徑約 6 公分咕咕洛夫模具
- 分割重量｜每個 45 公克
- 烤焙溫度時間｜上下火 120/100℃、30 分鐘

1. 將所有材料放入攪拌缸中，使用槳狀，攪拌均勻。

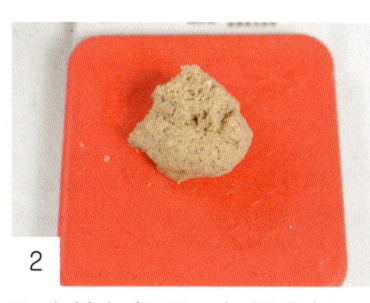

2. 取出拌勻麵團，每個分割 45 公克。

3. 使用直徑 1 公分平口花嘴，將麵團圍住周邊。

＊如果有咕咕洛夫模具，可以直接使用模具製作。

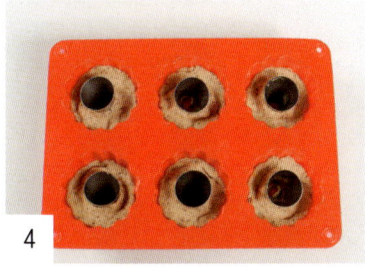

4. 再放入直徑 6 公分的可麗露模中，做出咕咕洛夫的樣子。

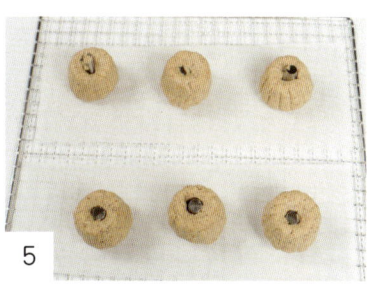

5. 取出，擺在烤焙紙上，可以使用刮板將紋路壓明顯。

6. 放上烤盤，入烤箱，上下火 120/100℃，烤約 30 分鐘。

67

鮭魚菠菜辮子麵包

操作老師：許燕斌

製作數量｜約 13 個
常溫可放 3 天、冷凍可放 1 個月

材料	公克
熟鮭魚碎	80
熟蝦肉鬆	80
菠菜汁	60
糙米粉	150
水	70
合計	440

表面裝飾	
全蛋液	適量

‼️ 小叮嚀 ‼️

1. 可使用蘋果泥取代水，增添麵包本身的甜度和風味。

2. 手粉使用烤熟的玉米粉，將買回來的玉米粉放入烤箱，全火 100℃烤 10～15 分鐘。

3. 本產品為 Omega-3+ 鐵質滿滿組合。

A、麵包工藝

- 設備｜烤箱
- 分割重量｜10 公克 / 3 個一組 / 每個共 30 公克
- 烤焙溫度時間｜上下火 120/100℃、30 分鐘

1 將所有材料放入攪拌缸中。

2 使用槳狀，攪拌均勻。

3 拌勻後取出，分割每個重量 10 公克。

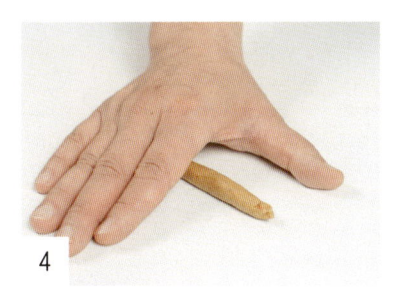

4 搓長條狀。

＊如果麵團太黏可以使用熟玉米粉為手粉。

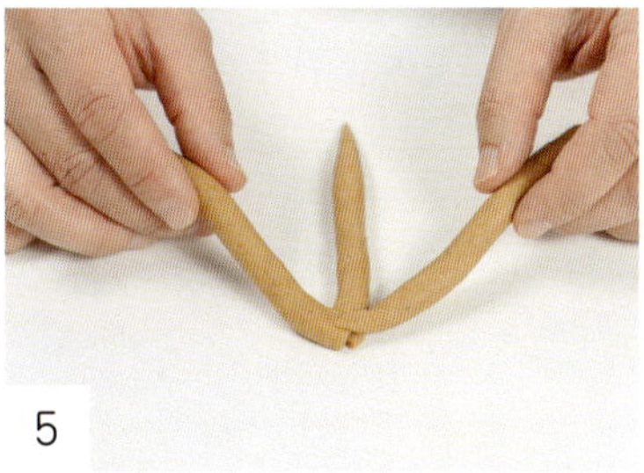

5 3 條一組，其中一端接在一起，壓緊實。

6 編成三股辮。

7 收口處捏緊，放在烤焙紙上。

8 表面刷上全蛋液。

9 放上烤盤，入烤箱，上下火 120/100℃，烤約 30 分鐘。

69

軟骨熱狗堡

操作老師：許燕斌

✕ 製作數量｜約 18 個
⏰ 常溫可放 3 天、冷凍可放 1 個月

材料	公克
熟雞軟骨泥	50
綠唇貽貝粉	5
小米粉	120
蛋白	35
水	60
合計	270

整形	
牛肉乾	6 條（每條平均剪成 3 等分）

表面裝飾	
蛋黃液	適量
黑芝麻	適量

‼ 小叮嚀 ‼

1. 可使用蘋果泥取代水，增添麵包本身的甜度和風味。
2. 手粉使用烤熟的玉米粉，將買回來的玉米粉放入烤箱，全火 100℃烤 10 ～ 15 分鐘。
3. 本產品為 Omega-3+ 鐵質滿滿組合。

- 設備｜烤箱
- 分割重量｜每個 15 公克
- 烤焙溫度時間｜上下火 120/100℃、30 分鐘

A、麵包工藝

1 將所有材料放入攪拌缸中。

2 使用槳狀，攪拌均勻。

3 將牛肉乾每條平均剪成 3 等分備用。

4 分割麵團每個 15 公克，搓成橢圓形，輕壓扁，在中心橫放上牛肉條。

5 捲起，將牛肉條夾在中心。

＊如果麵團太黏可以使用熟玉米粉為手粉。

6 整形好的熱狗堡放在烤焙紙上，表面刷上蛋黃液。

7 中心點撒上黑芝麻。

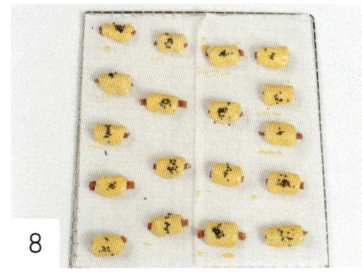

8 放上烤盤，入烤箱。

9 上下火 120/100℃，烤約 30 分鐘。

益生菌牛角麵包

操作老師：許燕斌

製作數量｜約 11 個

常溫可放 3 天、冷凍可放 1 個月

材料	公克
熟雞胸肉末	40
熟牛肉末	40
南瓜粉	30
燕麥粉	100
無糖優格	40
水	40
合計	290

表面裝飾	
蛋黃液	適量
黑芝麻	適量

‼ 小叮嚀 ‼

1. 可使用蘋果泥取代水，增添麵包本身的甜度和風味。
2. 手粉使用烤熟的玉米粉，將買回來的玉米粉放入烤箱，全火 100°C 烤 10～15 分鐘。
3. 添加優格可以幫助增加毛小孩腸胃益生菌。

- 設備｜烤箱
- 分割重量｜每個 25 公克
- 烤焙溫度時間｜上下火 120/100℃、30 分鐘

A、麵包工藝

1 將所有材料放入攪拌缸中，使用槳狀，攪拌均勻。

2 取出麵團，壓緊實搓揉均勻。

＊如果麵團太黏可以使用熟玉米粉為手粉。

3 分割每個 25 公克。

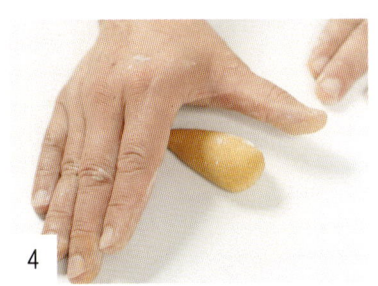

4 搓圓，再搓成水滴狀。

5 尖端朝自己，擀開。

6 由上往下捲起。

7 捲成牛角形狀，擺在烤焙紙上。

8 表面刷上蛋黃液。

9 中心點撒上黑芝麻，放上烤盤，入烤箱，上下火 120/100℃，烤約 30 分鐘。

73

貝果麵包

操作老師：許燕斌

製作數量｜約 9 個

常溫可放 3 天、冷凍可放 1 個月

材料	公克
熟雞胸肉末	80
熟牛肉末	80
鷹嘴豆泥	150
肉桂粉	1
水	30
合計	341

表面裝飾	
蛋黃液	適量

‼️ 小叮嚀 ‼️

1. 可使用蘋果泥取代水，增添麵包本身的甜度和風味。

2. 手粉使用烤熟的玉米粉，將買回來的玉米粉放入烤箱，全火 100℃ 烤 10～15 分鐘。

- 設備｜烤箱
- 分割重量｜每個 35 公克
- 烤焙溫度時間｜上下火 130/130℃、30 分鐘

1 將所有材料放入攪拌缸中。

2 使用槳狀，攪拌均勻。

3 取出麵團，壓緊實搓揉均勻。

＊如果麵團太黏可以使用熟玉米粉為手粉。

4 分割每個 35 公克。

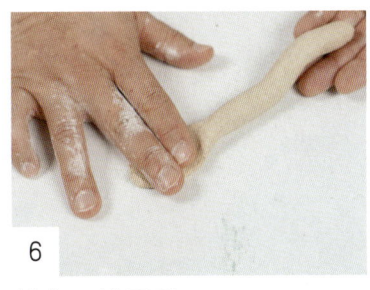

5 搓長條狀。

6 其中一端壓扁。

7 捲起成圓圈狀，接合處壓緊實，放在烤焙紙上。

8 表面刷上蛋黃液。

9 放上烤盤，入烤箱，上下火 130/130℃，烤約 30 分鐘。

A、麵包工藝

司康肉鬆海苔

操作老師：許燕斌

✕ 製作數量｜約 10 個
⏰ 常溫可放 3 天、冷凍可放 1 個月

材料	公克
熟鱈魚肉末	60
蛋白粉	15
椰子粉	100
水	30
合計	205

表面裝飾	
蛋黃液	適量
海苔碎	20
熟雞肉絲	60
蛋白液	適量

‼️ 小叮嚀 ‼️

1. 可使用蘋果泥取代水，增添麵包本身的甜度和風味。

- 設備｜烤箱
- 分割重量｜每個 20 公克
- 烤焙溫度時間｜上下火 100/100℃、10 分鐘

A、麵包工藝

1 將所有材料放入攪拌缸中，使用槳狀，攪拌均勻。

2 取出，在桌面將麵團壓緊實。

3 分割每個 20 公克。

4 整形成圓扁狀，約直徑 3.5 公分，中間輕壓凹槽。

5 放在烤焙紙上，表面刷上蛋黃液。

6 撒上海苔碎。

7 撒上熟雞肉絲 2 公克。

8 使用蛋白液當作接著劑，讓表面雞肉絲不掉落。

9 放上烤盤，入烤箱，上下火 100/100℃，烤約 10 分鐘。

壽司麵包捲

操作老師：許燕斌

✕ 製作數量｜約 16 個
⏰ 常溫可放 3 天、冷凍可放 1 個月

材料	公克
熟鱈魚肉末	100
木薯粉	50
水	30
合計	180

染色	
紫薯粉	6

‼ 小叮嚀 ‼

1. 可使用蘋果泥取代水，增添麵包本身的甜度和風味。

2. 也可以再捲的時候加入熟雞肉絲或其他肉乾，增加口感。

- 設備｜烤箱
- 分割重量｜每個 10 公克
- 烤焙溫度時間｜上下火 100/100℃、10 分鐘

A、麵包工藝

1 將所有材料放入攪拌缸中，使用槳狀，攪拌均勻。

2 取出，在桌面將麵團壓緊實。

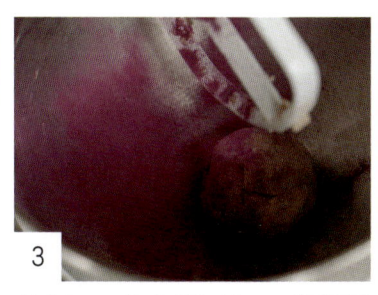

3 分割 90 公克麵團加入紫薯粉攪拌均勻染色。

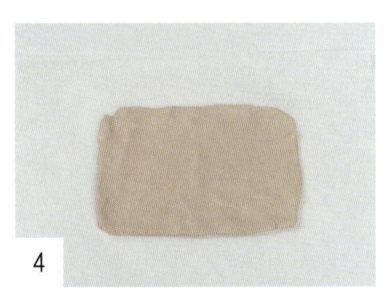

4 原味麵團放在烤焙紙上，擀開成厚度 0.4 公分，長寬 16*11 公分大小。

5 紫色麵團也是同樣手法，擀成一樣大小，疊在原味麵團上方。

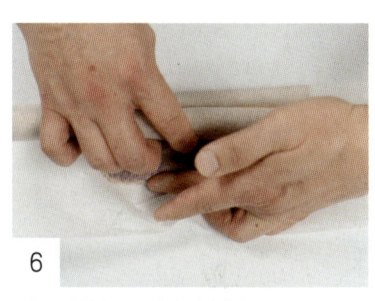

6 使用擀麵棍輔助，捲起。

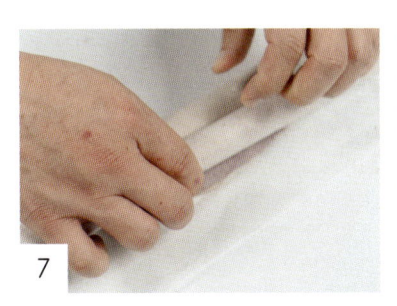

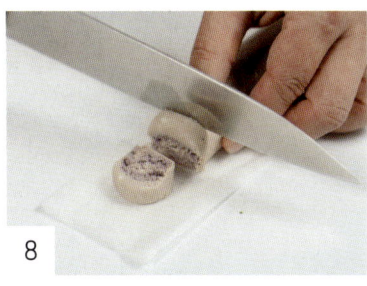

7 壓緊實。

8 切成每個厚度約 1 公分，重量約 10 公克。

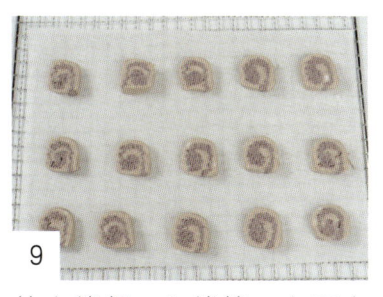

9 放上烤盤，入烤箱，上下火 100/100℃，烤約 10 分鐘。

能量棒

操作老師：許燕斌

✕ 製作數量｜約 10 個
⏰ 常溫可放 3 天、冷凍可放 1 個月

A、麵包工藝

材料	公克
熟火雞肉末	80
蛋白粉	20
香蕉泥	80
紅藜麥粉	100
水	25
合計	306

‼ 小叮嚀 ‼

1. 手粉使用烤熟的玉米粉,將買回來的玉米粉放入烤箱,全火 100℃烤 10〜15 分鐘。
2. 使用紅藜麥粉製作,擁有高品質蛋白質以及膳食纖維。

- 設備｜烤箱
- 分割重量｜每個 30 公克
- 烤焙溫度時間｜上下火 100/100℃、10 分鐘

1. 將所有材料放入攪拌缸中。

2. 使用槳狀,攪拌均勻。

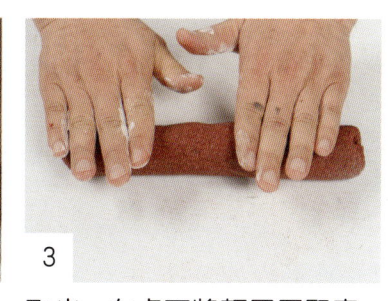

3. 取出,在桌面將麵團壓緊實。

＊如果麵團太黏可以使用熟玉米粉為手粉。

4. 分割每個重量約 30 公克。

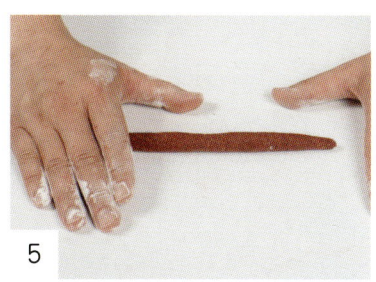

5. 搓成長條狀,約 21 公分長。

6. 放上烤盤,入烤箱,上下火 100/100℃,烤約 10 分鐘。

披薩麵包

操作老師：許燕斌

製作數量｜2 個

常溫可放 3 天、冷凍可放 1 個月

材料	公克	配料		表面裝飾	
生雞胸肉泥	80	熟花椰菜	適量	蛋黃液	適量
馬鈴薯粉	5	熟蝦仁	適量		
熟馬鈴薯	50	熟雞肉丁	適量		
合計	135	熟胡蘿蔔片	適量		

‼ 小叮嚀 ‼

1. 手粉使用烤熟的玉米粉，將買回來的玉米粉放入烤箱，全火 100℃烤 10～15 分鐘。
2. 配料可以隨喜好更換成節瓜片、水煮蛋片、熟鮭魚肉等。

- 設備｜烤箱
- 分割重量｜每個 65 公克
- 烤焙溫度時間｜上下火 130/130℃、15 分鐘

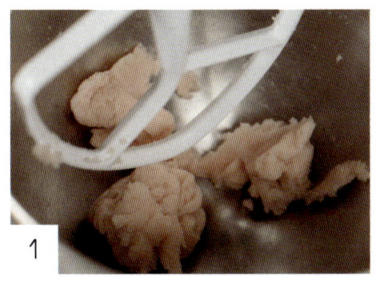

A、麵包工藝

1 將所有材料放入攪拌缸中，使用槳狀，攪拌均勻。

2 取出，分割每個 65 公克。

3 整形成圓片狀，周圍高起約 1 公分。

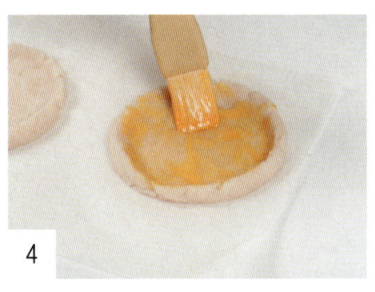

4 放在烤焙紙上，中心刷上蛋黃液。

5 放上烤盤，入烤箱，上下火 100/100℃，烤約 10 分鐘。

6 取出，表面再刷上蛋黃液駆為接著濟。

7 擺上配料。

8 放在烤焙紙上。

9 放上烤盤，入烤箱，上下火 100/100℃，烤約 10 分鐘。

軟綿麵包

操作老師：許燕斌

✖ 製作數量｜約 10 個
⏰ 常溫可放 3 天、冷凍可放 1 個月

A、麵包工藝

材料	公克
熟雞肝末	100
馬鈴薯粉	80
羊奶	30
合計	210

表面裝飾	
黑芝麻	適量

‼️ 小叮嚀 ‼️

1. 手粉使用烤熟的玉米粉，將買回來的玉米粉放入烤箱，全火 100℃ 烤 10～15 分鐘。

- 設備｜蒸籠或電鍋
- 分割重量｜每個 20 公克
- 時間｜冷水放入、蒸約 15 分鐘

1 將所有材料放入攪拌缸中。

2 使用槳狀，攪拌均勻。

3 取出，分割每個 20 公克，搓成橢圓形狀。

＊如果麵團太黏可以使用熟玉米粉為手粉。

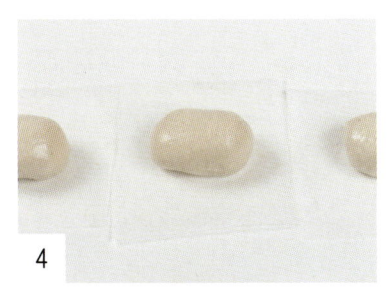

4 擺在剪小張的烤焙紙上。

5 中心點上黑芝麻裝飾。

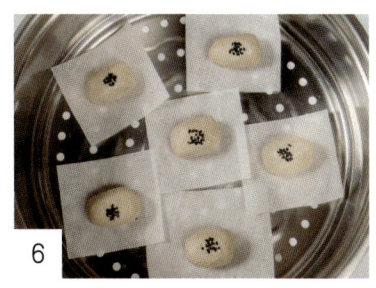

6 冷水放入蒸籠或電鍋，蒸約 15 分鐘。

B 創意餅乾

林威宜
許燕斌

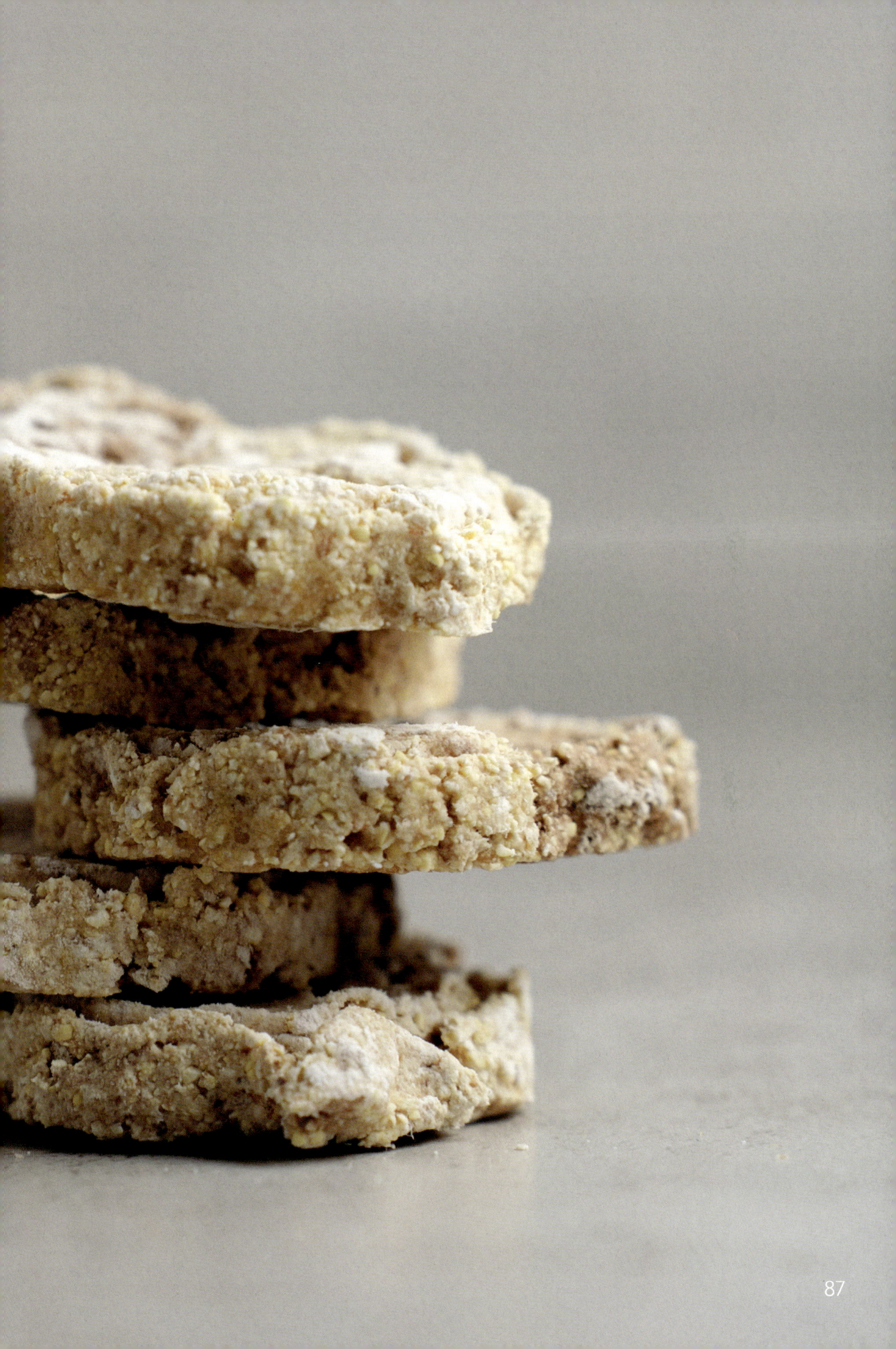

雞肉燕麥餅乾

操作老師：林威宜

✕ 製作數量｜約 15 個
⏰ 常溫可放 3 天、冷凍可放 1 個月

材料	公克
熟雞胸肉末	150
全麥粉	30
蛋白	30
水	20
合計	230

表面裝飾	
蛋白	適量
即食燕麥片	50

‼ 小叮嚀 ‼

1. 本產品富含高蛋白，以及能幫助毛小孩消化。
2. 手粉使用烤熟的玉米粉，將買回來的玉米粉放入烤箱，全火 100℃ 烤 10～15 分鐘。

- 設備｜果乾機
- 分割重量｜每個 15 公克
- 溫度時間｜70℃、30 分鐘

B、創意餅乾

1 熟雞胸肉末、全麥粉放入攪拌缸中。

2 加入蛋白。

3 加入水，使用槳狀，攪拌均勻取出。

4 放在桌面，捏緊實。

5 分割每個 15 公克。

6 整形圓扁狀，厚度約 1 公分。

7 放在烤焙紙上，刷上蛋白。

8 撒上即時燕麥片。

9 放上烤網，放入果乾機，設定 70°C，烘 30 分鐘。

南瓜椰子脆餅

操作老師：林威宜

✕ 製作數量｜約 18 個
⏰ 常溫可放 3 天、冷凍可放 1 個月

材料	公克
熟鯖魚肉末	30
南瓜泥	100
椰子粉	40
全蛋	1 顆（約 50g）
合計	220

‼ 小叮嚀 ‼

1. 本產品適合腸胃道較敏感的毛小孩（犬）食用。

B、創意餅乾

- 設備｜果乾機
- 準備器具｜6 齒花嘴 SN7092
- 分割重量｜每個 12 公克
- 溫度時間｜70℃、30 分鐘

1. 熟鯖魚肉末、南瓜泥、椰子粉放入攪拌缸中。
2. 使用槳狀，攪拌均勻。 
3. 加入全蛋。 
4. 攪拌均勻。 
5. 將麵團裝入擠花袋中，使用 6 齒花嘴。 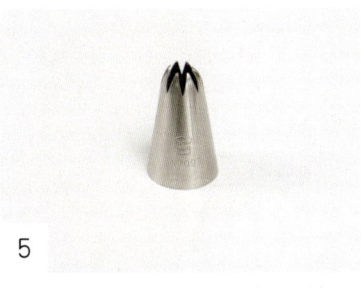
6. 擠在烤焙紙上，擠出花型，每個約 12 公克。 
7. 每個約間隔 1 公分寬。 
8. 將整個擠滿。 
9. 放上烤網，放入果乾機，設定 70℃，烘 30 分鐘。

鮭魚紫薯圈

操作老師：林威宜

製作數量｜約 30 個

常溫可放 3 天、冷凍可放 1 個月

材料	公克
熟鮭魚肉末	80
紫薯泥	100
燕麥粉	50
蛋白	80
合計	310

‼ 小叮嚀 ‼

1. 手粉使用烤熟的玉米粉，將買回來的玉米粉放入烤箱，全火 100℃烤 10～15 分鐘。

- 設備｜果乾機
- 準備器具｜直徑 1 公分平口花嘴
- 分割重量｜每個 10 公克
- 溫度時間｜70℃、30 分鐘

1 熟鮭魚肉末、紫薯泥、燕麥粉放入攪拌缸中。

2 使用槳狀，攪拌均勻。

3 加入全白。

4 攪拌均勻。

5 將麵團裝入擠花袋中，使用直徑 1 公分平口花嘴。

6 擠在烤焙紙上，擠出甜甜圈形狀，每個約 10 公克。

7 每個約間隔 1 公分寬。

8 手沾水，將收口處抹平。

9 放上烤網，放入果乾機，設定 70°C，烘 30 分鐘。

骨頭餅

操作老師：林威宜

✕ 製作數量｜約 15 個
⏰ 常溫可放 3 天、冷凍可放 1 個月

材料	公克
熟雞胸肉末	120
綠唇貽貝粉	5
糙米粉	60
薑黃粉	1
全蛋	1 顆（約 50g）
合計	236

‼️ 小叮嚀 ‼️

1. 手粉使用烤熟的玉米粉，將買回來的玉米粉放入烤箱，全火 100℃烤 10～15 分鐘。
2. 模具可以先沾上熟玉米粉防沾黏，再壓出餅乾造型，會更好操作。
3. 也可以使用不同的餅乾壓模做出不同造型，厚度盡量控制在 0.3～0.5 公分會較好烘乾。

- 設備｜果乾機
- 準備器具｜狗骨頭形狀餅乾壓模
- 分割重量｜每個 15 公克
- 溫度時間｜70℃、30 分鐘

1 熟雞胸肉末、綠唇貽貝粉、糙米粉、薑黃粉放入攪拌缸中。

2 使用槳狀，攪拌均勻，加入全蛋。

3 攪拌均勻。

4 取出，在桌面將麵團壓緊實。

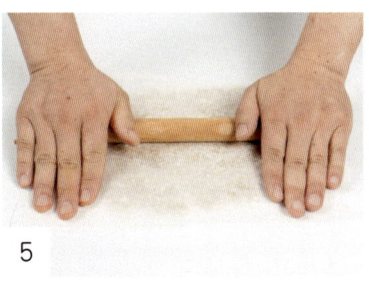

5 蓋上烤焙紙，擀開約 0.3 公分厚。

6 使用骨頭形狀餅乾壓模。

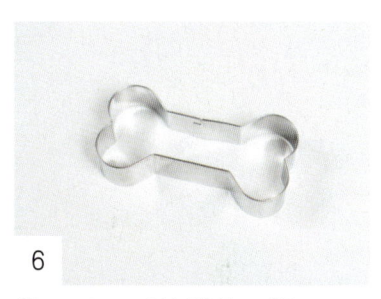

7 壓出造型，每個 15 公克。

8 整理好形狀，放在烤焙紙上。

9 放上烤網，放入果乾機，設定 70℃，烘 30 分鐘。

薄荷餅乾

操作老師：林威宜

✕ 製作數量｜約 27 個
⏰ 常溫可放 3 天、冷凍可放 1 個月

材料	公克
全麥粉	100
椰子油	30
乾燥薄荷碎	2
全蛋	1 顆（約 50g）
合計	182

表面裝飾	
海藻鈣粉	適量

- 設備｜烤箱
- 分割重量｜每個 7 公克
- 溫度時間｜全火 100℃、15 分鐘

B、創意餅乾

1 全麥粉、椰子油、乾燥薄荷碎放入攪拌缸中。

2 使用槳狀，攪拌均勻，加入全蛋。

3 攪拌均勻。

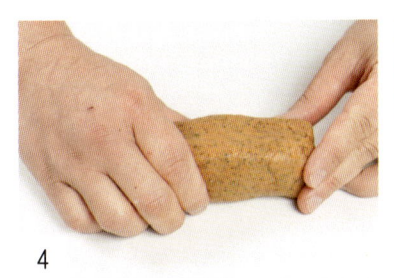

4 取出，在桌面將麵團壓緊實，整形成長方體。

5 從中間切開。

6 再切成每個邊長約 1.5 公分的立方體，每個約 7 公克。

7 表面裹上海藻鈣粉。

8 放在烤焙紙上。

9 放上烤盤，放入烤箱，全火 100℃，烤約 15 分鐘。

鴨肉餅乾

操作老師：林威宜

✕ 製作數量｜約 17 個

⏰ 常溫可放 3 天、冷凍可放 1 個月

材料	公克
熟鴨胸肉末	150
小米粉	80
全麥粉	20
蘋果泥	30
蛋白	20
合計	300

染色	
角豆粉	2

‼ 小叮嚀 ‼

1. 模具可以先沾上熟玉米粉防沾黏，再壓出餅乾造型，會更好操作。

2. 也可以使用不同的餅乾壓模做出不同造型，厚度盡量控制在 0.3～0.5 公分會較好烘乾。

- 設備｜果乾機
- 準備器具｜橡實造型餅乾壓模
- 分割重量｜每個 7 公克
- 溫度時間｜70℃、30 分鐘

B、創意餅乾

1. 熟鴨胸肉末、小米粉、全麥粉、蘋果泥放入攪拌缸中。

2. 使用槳狀，攪拌均勻，加入蛋白拌勻。

3. 分割 100 公克加入角豆粉 2 公分。

4. 放入攪拌缸中，使用槳狀攪拌均勻染色。

5. 分割原味 4 公克、可可味 3 公克，共 7 公克。

6. 將餅乾壓模沾上熟玉米粉。

7. 放入分割好的麵團，壓出形狀。

8. 擺在烤焙紙上。

9. 放上烤網，放入果乾機，設定 70℃，烘 30 分鐘。

亞麻籽餅

操作老師：林威宜

✕ 製作數量｜約 14 個
⏰ 常溫可放 3 天、冷凍可放 1 個月

材料	公克
熟鴨肉末	50
雞肝粉	5
亞麻籽粉	20
燕麥粉	50
蛋白	20
合計	145

‼ 小叮嚀 ‼

1. 手粉使用烤熟的玉米粉，將買回來的玉米粉放入烤箱，全火 100°C 烤 10～15 分鐘。
2. 模具可以先沾上熟玉米粉防沾黏，再壓出餅乾造型，會更好操作。
3. 可以使用不同的壓模製作，越厚且越大烘乾時間就會越長。

B、創意餅乾

- 設備｜果乾機
- 準備器具｜腳掌造型月餅壓模
- 分割重量｜每個 10 公克
- 溫度時間｜70℃、30 分鐘

1 熟鴨肉末、雞肝粉、亞麻籽粉、燕麥粉放入攪拌缸中。

2 使用槳狀，攪拌均勻，加入蛋白拌勻。

3 放在桌面，搓緊實。

4 分割每個 10 公克。

5 搓成圓球狀。

6 使用月餅壓模，沾上熟玉米粉。

7 放入分割好的麵團，壓出形狀。

8 擺在烤焙紙上。

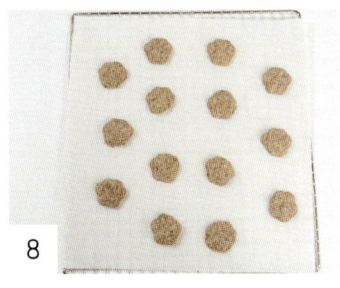

9 放上烤網，放入果乾機，設定 70℃，烘 30 分鐘。

101

起司餅乾

操作老師：林威宜

✕ 製作數量 ｜ 約 18 個
⏰ 常溫可放 3 天、冷凍可放 1 個月

材料	公克
無糖羊奶乳酪	50
熟鮭魚肉粉	50
全麥粉	100
紅蘿蔔泥	30
蛋黃	40
水	20
合計	290

‼ 小叮嚀 ‼

1. 手粉使用烤熟的玉米粉，將買回來的玉米粉放入烤箱，全火 100℃ 烤 10～15 分鐘。

2. 模具可以先沾上熟玉米粉防沾黏，再壓出餅乾造型，會更好操作。

3. 可以使用不同的壓模製作，越厚且越大烘乾時間就會越長。

- 設備｜果乾機
- 準備器具｜舞龍舞獅造型月餅壓模
- 分割重量｜每個 15 公克
- 溫度時間｜70℃、30 分鐘

B、創意餅乾

1
無糖羊奶乳酪、熟鮭魚肉粉、全麥粉、紅蘿蔔泥、蛋黃放入攪拌缸中。

2
使用槳狀，攪拌均勻。

3
加入水攪拌均勻。

4
放在桌面，搓緊實。

＊如果麵團太黏可以使用熟玉米粉為手粉。

5
分割每個 15 公克。

6
搓成圓球狀。

7
使用月餅壓模，沾上熟玉米粉。

8
放入分割好的麵團，壓出形狀，擺在烤焙紙上。

9
放上烤網，放入果乾機，設定 70℃，烘 30 分鐘。

三鮮薄荷餅乾

操作老師：林威宜

製作數量｜約 13 個
常溫可放 3 天、冷凍可放 1 個月

材料	公克
熟鮭魚肉末	50
熟鱈魚肉末	50
熟蝦仁肉末	50
木薯粉	40
貓薄荷粉	2
蛋白	50
合計	242

‼ 小叮嚀 ‼

1. 手粉使用烤熟的玉米粉，將買回來的玉米粉放入烤箱，全火 100℃烤 10～15 分鐘。
2. 模具可以先沾上熟玉米粉防沾黏，再壓出餅乾造型，會更好操作。
3. 可以使用不同的壓模製作，越厚且越大烘乾時間就會越長。

B、創意餅乾

- 設備｜烤箱
- 準備器具｜貓咪造型月餅壓模
- 分割重量｜每個 18 公克
- 烤焙溫度時間｜全火 100℃、40 分鐘

1 所有材料放入攪拌缸中。

2 使用槳狀，攪拌均勻刮缸。

3 拌勻成團取出。

4 放在桌面，搓緊實。

＊如果麵團太黏可以使用熟玉米粉為手粉。

5 分割每個 18 公克，搓成圓球狀。

6 使用月餅壓模，沾上熟玉米粉。

7 放入分割好的麵團，壓出形狀

8 擺在烤焙紙上。

9 放上烤網，放入果乾機，設定 70℃，烘 30 分鐘。

105

蔬菜彩虹脆片

操作老師：林威宜

✕ 製作數量｜約 20 個
⏰ 常溫可放 3 天、冷凍可放 1 個月

材料	公克
熟鱈魚肉末	80
馬鈴薯澱粉	80
蛋白	50
合計	210

染色	
甜菜根粉	3
南瓜粉	3
菠菜粉	3
紫薯粉	3

‼ 小叮嚀 ‼

1. 手粉使用烤熟的玉米粉，將買回來的玉米粉放入烤箱，全火 100℃ 烤 10 ～ 15 分鐘。

- 設備｜果乾機
- 分割重量｜每個 10 公克
- 溫度時間｜70℃、30 分鐘

B、創意餅乾

1 熟鱈魚肉末、馬鈴薯澱粉放入攪拌缸中。

2 使用槳狀，攪拌均勻。

3 加入蛋白，拌勻成團取出。

4 平均分成 4 團，加入不同色粉染色。

5 再將每團擀成長寬 11*7 公分、厚度 0.5 左右，表面刷上水。

6 將一面一面疊起。

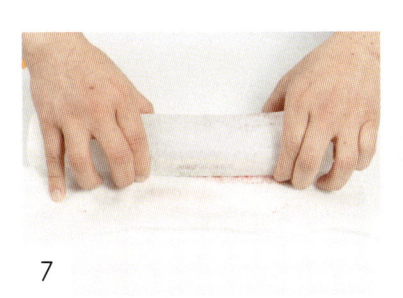

7 使用烤焙紙包起，冰入冷凍 5～10 分鐘定型。

8 取出，切成厚度約 0.5 公分，每片重量約 10 公克，擺在烤焙紙上。

9 放上烤網，放入果乾機，設定 70℃，烘 30 分鐘。

無麩質藜麥餅乾

操作老師：許燕斌

✕ 製作數量｜約 13 個
⏰ 常溫可放 3 天、冷凍可放 1 個月

材料	公克
熟羊肉末	40
藜麥粉	100
椰子油	15
全蛋	1 顆（約 50g）
合計	236

‼ 小叮嚀 ‼

1. 手粉使用烤熟的玉米粉，將買回來的玉米粉放入烤箱，全火 100℃烤 10～15 分鐘。
2. 模具可以先沾上熟玉米粉防沾黏，再壓出餅乾造型，會更好操作。
3. 可以使用不同的壓模製作，越厚且越大烤焙時間就會越長。
4. 也可以適量添加魚類來增加毛小孩的適口性。

- 設備｜烤箱
- 準備器具｜造型餅乾壓模
- 分割重量｜每個 15 公克
- 烤焙溫度時間｜全火 100℃、40 分鐘

B、創意餅乾

1 所有材料放入攪拌缸中。

2 使用槳狀，攪拌均勻取出。

3 使用不同造型的餅乾壓模。

4 使餅壓模，沾上熟玉米粉，壓出造型。

5 使用不同形狀製作。

6 使用不同形狀製作。

＊如果麵團太黏可以使用熟玉米粉為手粉。

7 擺在烤焙紙上。

8 使用毛刷刷掉多餘的手粉。

9 放上烤盤，放入烤箱，全火 100℃，烤 40 分鐘。

肉桂條

操作老師：許燕斌

🍴 製作數量｜約 24 個
⏰ 常溫可放 3 天、冷凍可放 1 個月

B、創意餅乾

材料	公克
熟雞胸肉末	120
鷹嘴豆泥	50
肉桂粉	1
水	15
合計	186

‼️ 小叮嚀 ‼️

1. 手粉使用烤熟的玉米粉，將買回來的玉米粉放入烤箱，全火 100℃烤 10～15 分鐘。
2. 也可以適量添加魚類來增加毛小孩的適口性。

- 設備｜果乾機
- 準備器具｜直徑 1 公分平口花嘴
- 重量｜每個 5～6 公克
- 溫度時間｜70℃、30 分鐘

1 熟雞胸肉末、鷹嘴豆泥、肉桂粉放入攪拌缸中。

2 使用槳狀，攪拌均勻，加入水拌勻。

3 將麵團裝入擠花袋中，使用直徑 1 公分平口花嘴。

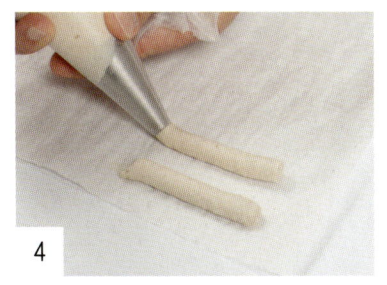

4 擠在烤焙紙上，每條約 7 公分長，重量約 5～6 公克。

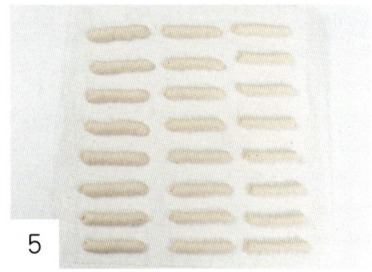

5 每條間隔約 1 公分。

6 放上烤網，放入果乾機，設定 70℃，烘 30 分鐘。

雞肝餅乾

操作老師：許燕斌

✕ 製作數量｜約 10 個
⏰ 常溫可放 3 天、冷凍可放 1 個月

材料	公克
熟雞肝泥	80
燕麥粉	30
羊奶粉	20
水	25
合計	155

‼ 小叮嚀 ‼

1. 手粉使用烤熟的玉米粉，將買回來的玉米粉放入烤箱，全火 100℃ 烤 10～15 分鐘。

B、創意餅乾

- 設備｜果乾機
- 分割重量｜每個 10 公克
- 溫度時間｜70℃、30 分鐘

1 所有材料放入攪拌缸中。

2 使用槳狀。

3 攪拌均勻。

4 分割每個 10 公克。

＊如果麵團太黏可以使用熟玉米粉為手粉。

5 搓成水滴狀。

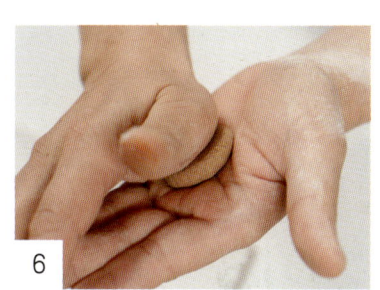

6 輕輕壓扁。

7 做成雞肝的形狀。

8 擺在烤焙紙上。

9 放上烤網，放入果乾機，設定 70℃，烘 30 分鐘。

113

暖胃薑餅

操作老師：許燕斌

🍴 製作數量｜約 20 個
⏰ 常溫可放 3 天、冷凍可放 1 個月

材料	公克
熟雞胸肉末	100
糙米粉	60
燕麥粉	10
薑粉	2
水	90
合計	262

‼️ 小叮嚀 ‼️

1. 手粉使用烤熟的玉米粉，將買回來的玉米粉放入烤箱，全火 100℃烤 10 ～ 15 分鐘。
2. 模具可以先沾上熟玉米粉防沾黏，再壓出餅乾造型，會更好操作。
3. 可以使用不同的壓模製作，越厚且越大烤焙時間就會越長。
4. 也可以適量添加魚類來增加毛小孩的適口性。

- 設備｜果乾機
- 準備器具｜餅乾造型壓模
- 分割重量｜每個 12 公克
- 溫度時間｜70℃、30 分鐘

B、創意餅乾

1 所有材料放入攪拌缸中。

2 使用槳狀。

3 拌勻成團取出。

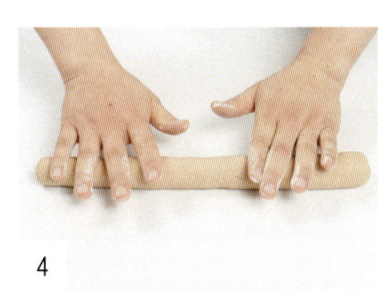

4 放在桌面，搓緊實。

＊如果麵團太黏可以使用熟玉米粉為手粉。

5 分割每個 12 公克。

6 搓成圓球狀。

7 使用餅乾壓模，放入分割好的麵團，壓出形狀。

8 擺在烤焙紙上。

9 放上烤網，放入果乾機，設定 70℃，烘 30 分鐘。

裝飾蛋白餅乾

操作老師：許燕斌

✕ 製作數量｜約 20 個
⏰ 常溫可放 3 天、冷凍可放 1 個月

B、創意餅乾

材料	公克
蛋白粉	20
香蕉泥	50
燕麥粉	80
水	60
合計	210

- 設備｜果乾機
- 準備器具｜葉形花嘴
- 分割重量｜每個 10 公克
- 溫度時間｜70℃、30 分鐘

1. 蛋白粉、香蕉泥、燕麥粉放入攪拌缸中。
2. 加入水，使用槳狀，攪拌均勻。 
3. 取出拌勻麵團，裝入擠花袋中，使用葉形花嘴。 
4. 擠在烤焙紙上，每條約 6 公分長，重量約 10 公克。 
5. 每條間隔約 1 公分。 
6. 放上烤網，放入果乾機，設定 70℃，烘 30 分鐘。 

117

海藻鈣骨餅

操作老師：許燕斌

✕ 製作數量｜約 12 個
⏰ 常溫可放 3 天、冷凍可放 1 個月

B、創意餅乾

材料	公克
生雞軟骨泥	50
海藻鈣粉	5
地瓜泥	100
合計	155

‼️ 小叮嚀 ‼️

1. 也可以適量添加魚類來增加毛小孩的適口性。

- 設備｜果乾機
- 準備器具｜直徑 1 公分平口花嘴
- 分割重量｜每個 12 公克
- 溫度時間｜70℃、30 分鐘

1 所有材料放入攪拌缸中，使用槳狀，攪拌均勻。

2 取出拌勻麵團，裝入擠花袋中，使用直徑 1 公分花嘴；擠在烤焙紙上，可擠出不同形狀，重量約 12 公克。

3 放上烤網，放入果乾機，設定 70℃，烘 30 分鐘。

C 歐風甜點

葉雅琦
許燕斌

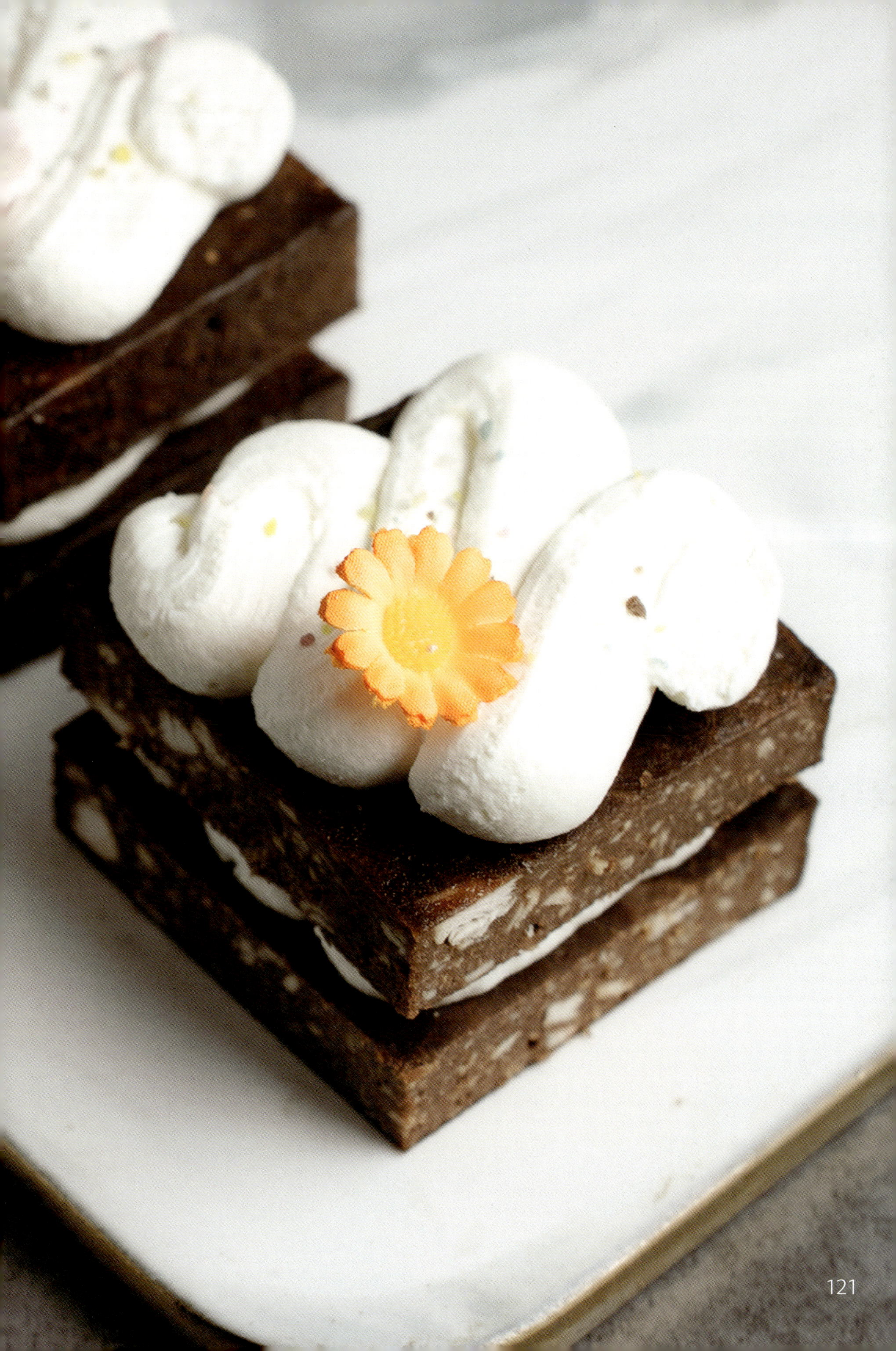

雷明頓蛋糕

操作老師：葉雅琦

✕ 製作數量｜3 個
⏰ 常溫可放 3 天、冷凍可放 1 個月

C、歐風甜點

材料	公克	表面裝飾	
熟雞胸肉末	100	椰子粉	適量
無鹽起司	50	無鹽起司	適量
角豆粉	1	熟紅棗	適量
合計	151	薄荷葉	適量

‼️ 小叮嚀 ‼️

1. 紅棗使用時去籽。

🍭 分割重量 ｜ 每個 50 公克

1 熟雞胸肉末、無鹽起司放入調理機中。

2 打碎成泥狀，加入角豆粉，打均勻取出。

3 平均分成三等份，每個約 50 公克。

4 整形成立方體。

5 三個都整形成立方體。

6 將每一面都裹上椰子粉。

7 擺盤，使用無鹽起司擠在表面裝飾。

8 放上切片的熟紅棗。

9 點綴上薄荷葉。

檸檬茶點蛋糕

操作老師：葉雅琦

✖ 製作數量｜4個
⏰ 常溫可放 3 天、冷凍可放 1 個月

材料	公克	糖衣	公克	表面裝飾	
生雞胸肉	80	無乳糖牛奶	60	寵物食用糖針	適量
全蛋	1 顆（約 50g）	寒天粉	3		
低筋米粉	110	南瓜粉	2		
椰子油	3	合計	65		
無乳糖牛奶	50				
合計	293				

C、歐風甜點

- 設備｜烤箱
- 準備器具｜檸檬蛋糕模具
- 分割重量｜每個 70 公克
- 烤焙溫度時間｜全火 150℃、25 分鐘

1 生雞胸肉放入調理機中，打成泥狀。

2 生雞胸肉泥、全蛋、低筋米粉、椰子油、無乳糖牛奶放入鋼盆中。

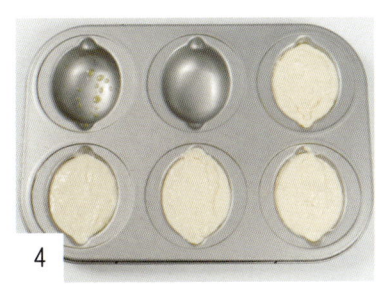

3 使用刮刀攪拌均勻。

4 檸檬蛋糕模具刷上一層橄欖油，倒入麵糊至滿模。

5 放上烤盤，放入烤箱，全火 150℃，烤 25 分鐘，烤熟後取出，放涼備用。

6 糖衣材料放入鍋中，煮滾。

7 倒入檸檬蛋糕模具中，約 10 公克。

8 趁熱放入烤好的檸檬蛋糕。

9 待冷卻後取出，表面撒上寵物食用糖針裝飾。

慕斯蛋糕

操作老師：葉雅琦

✕ 製作數量｜1 個
⏰ 常溫可放 3 天、冷凍可放 1 個月

基底	公克
熟地瓜泥	100
角豆粉	2
合計	**102**

上層	公克
無鹽起司	100
仙人掌粉	1
南瓜粉	1

中間層	公克
無乳糖牛奶	80
南瓜粉	2
寒天粉	2
合計	**84**

表面裝飾	
熟花椰菜	適量
熟紅蘿蔔	適量
角豆粉	適量

- 設備｜冰箱
- 準備器具｜10.5*10.5 公分保鮮盒
- 分割重量｜每個 280 公克

C、歐風甜點

1 將熟地瓜泥、角豆粉混合拌勻，裝入擠花袋中。

2 擠入模具中。

3 表面抹平，備用。

4 無乳糖牛奶、南瓜粉、寒天粉放入鍋中，煮滾。

5 倒入填好地瓜泥的模具中，放入冷藏待凝固備用。

6 取 50 公克無鹽起司加入兩種天然色粉。

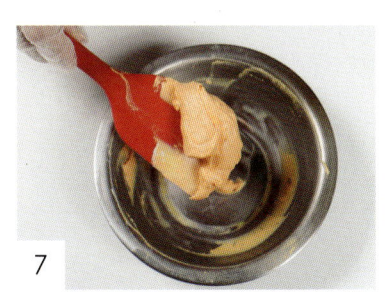

7 混合拌勻，裝入擠花袋中。

8 原味起司也裝入擠花袋中，依照圖片擠入模具中。

9 表面可以撒上角豆粉以及擺上熟花椰菜和熟紅蘿蔔裝飾。

127

咕咕霍夫

操作老師：葉雅琦

✕ 製作數量｜2 個
⏰ 常溫可放 3 天、冷凍可放 1 個月

材料	公克
全蛋	2 顆（約 100g）
蜂蜜	1
米粉	60
無乳糖牛奶	27
橄欖油	1
熟雞胸肉絲	20
角豆粉	5
合計	114

表面裝飾	
無鹽起司	30
寵物食用糖針	適量
熟紅棗片	適量
薄荷葉	適量

- 設備｜烤箱
- 準備器具｜直徑約 6 公分咕咕洛夫模具
- 分割重量｜每個 50 公克
- 烤焙溫度時間｜全火 150℃、40 分鐘

C、歐風甜點

1. 咕咕洛夫模具刷上一層橄欖油，備用。

2. 全蛋取蛋白，加入蜂蜜。

3. 使用手持打蛋器，將蛋白打發至有小勾勾。

4. 加入蛋黃拌勻。

5. 再加入剩餘的材料攪拌均勻，慢慢拌勻。

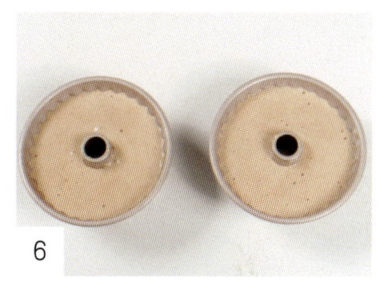

6. 倒入模具中約 9 分滿。

7. 放上烤盤，放入烤箱，全火 150℃，烤 40 分鐘，烤熟後取出脫模，放涼備用。

8. 取無鹽起司裝入擠花袋中，在表面裝飾小花。

9. 點綴上熟紅棗片、寵物食用糖針、薄荷葉。

布朗尼

操作老師：葉雅琦

✗ 製作數量｜1 模
⏰ 常溫可放 3 天、冷凍可放 1 個月

材料	公克
全蛋	1 顆（約 50g）
橄欖油	5
水	50
角豆粉	10
米粉	50
熟雞胸肉絲	80
合計	195

表面裝飾	
無鹽起司	30

- 設備｜烤箱
- 準備器具｜14*14 公分正方形慕斯框模具
- 分割重量｜每個 190 公克
- 烤焙溫度時間｜全火 160℃、20 分鐘

C、歐風甜點

1 模具刷上一層橄欖油，備用。

2 全蛋加入橄欖油攪拌均勻。

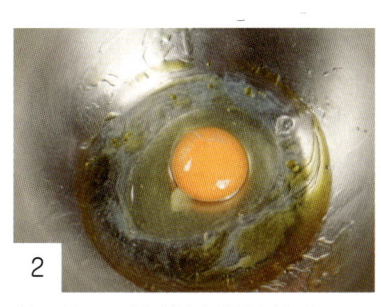

3 加入剩餘的材料。

4 攪拌均勻。

5 倒入模具中，約 1.5～2 公分的高度。

6 放上烤盤，放入烤箱，全火 160℃，烤 20 分鐘，烤熟後取出脫模，放涼。

7 放涼後切成四等分。

8 取無鹽起司裝入擠花袋中，擠上一層，蓋上另一片。

9 在表面在擠上紋路裝飾。

131

胡蘿蔔馬芬蛋糕＆冰淇淋

操作老師：葉雅琦

製作數量｜3 個
常溫可放 3 天、冷凍可放 1 個月

馬芬蛋糕	公克
全蛋	1 顆（約 50g）
低聚果糖	3
橄欖油	5
水	50
角豆粉	10
米粉	50
熟雞胸肉絲	80
合計	195

冰淇淋	公克
熟雞胸肉	100
熟地瓜泥	50
無乳糖牛奶	10
無鹽起司	30
仙人掌粉	1
南瓜粉	1
合計	192

‼ 小叮嚀 ‼

1. 低聚果糖是一種天存在的益生元，廣泛應用在人類食品和寵物食品中，主要對寵物的消化健康有諸多益處。

- 設備｜烤箱
- 準備器具｜直徑 5 公分杯子蛋糕模、冰淇淋挖勺
- 重量｜每個 100 公克
- 烤焙溫度時間｜全火 160℃、20 分鐘

C、歐風甜點

1 全蛋取蛋白，加入低聚果糖，使用手持打蛋器，將蛋白打發至有小勾勾。

2 加入蛋黃拌勻。

3 再加入其餘的材料拌勻，倒入杯子蛋糕模中約 8 分滿。

4 放上烤盤，放入烤箱，全火 160℃，烤 20 分鐘，烤熟後取出，放涼。

5 表面切平。

6 抹上一點無鹽起司。

7 熟雞胸肉、熟地瓜泥、無乳糖牛奶、無鹽起司放入調理機中打均勻。

8 平均分成兩團，分別加入南瓜粉和仙人掌粉拌勻調色。

9 使用冰淇淋勺混合兩團，呈現不規則顏色，擺在蛋糕上。

肉糜

操作老師：葉雅琦

- 製作數量｜1 模
- 常溫可放 3 天、冷凍可放 1 個月

材料	公克
生雞胸肉	250
生花椰菜	10
生彩椒	10
生紅蘿蔔	10
合計	280

調色	公克
南瓜粉	1
菠菜粉	1

‼️ 小叮嚀 ‼️

1. 烘烤時在表面蓋上一張烤焙紙，可以防止表面烤焦上色。

- 設備｜烤箱
- 準備器具｜13.5*5.5 公分長方型模具
- 重量｜每個 280 公克
- 烤焙溫度時間｜全火 180℃、30 分鐘

C、歐風甜點

1 將生花椰葉、生彩椒、生紅蘿蔔切小丁。

2 將切小丁的蔬菜、生雞胸肉放入調理機中打成泥。

3 平均分成三等份，其中兩份分別加入南瓜粉、菠菜粉調色拌勻。

4 模具抹上一層橄欖油。

5 依照綠色、原味、黃色田入模具中，表面做出弧形。

6 可以使用刮刀慢慢做出兩個小弧形，也可以抹平表面。

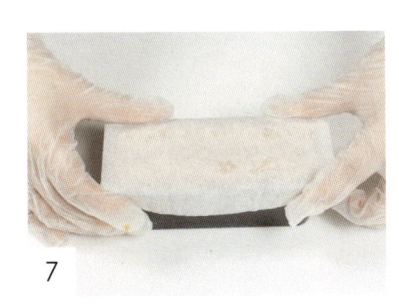

7 蓋上一張烤焙紙。

8 放在深烤盤中，烤盤中加入冷水，放入烤箱，全火 180℃，烤 30 分鐘

9 烤熟後，取出脫模放涼，再切成厚度約 1.5 公分厚片。

135

瑪德蓮

操作老師：葉雅琦

製作數量｜12 個

常溫可放 3 天、冷凍可放 1 個月

C、歐風甜點

材料	公克
全蛋	1 顆（約 50g）
低聚果糖	10
米粉	53
明太子魚粉	2
南瓜粉	3
無乳糖牛奶	25
橄欖油	5
合計	148

‼ 小叮嚀 ‼

1. 明太子魚粉作法：明太子乾先泡水，浸泡一天去除鹽分，瀝乾，再加水蓋過煮熟，取出放烤盤，全火 70℃ 烤 1 小時，放涼磨成粉狀即完成。
2. 低聚果糖是一種天存在的益生元，廣泛應用在人類食品和寵物食品中，主要對寵物的消化健康有諸多益處。

- 設備｜烤箱
- 準備器具｜瑪德蓮模具
- 分割重量｜每個 12 公克
- 烤焙溫度時間｜全火 150℃、10 分鐘

1 模具抹上一層橄欖油。

2 全蛋放入鋼盆中。

3 使用打蛋器攪拌均勻。

4 加入其餘材料。

5 攪拌均勻。

6 填入模具中，平模，放上烤盤，入烤箱，全火 150℃，烤 10 分鐘，取出，放涼。

杰瑞芝士蛋糕

操作老師：葉雅琦

✕ 製作數量｜1 模
⏰ 常溫可放 3 天、冷凍可放 1 個月

材料	公克
無乳糖牛奶	100
寒天粉	3
南瓜粉	3
合計	106

‼ 小叮嚀 ‼

1. 可以在灌模約 7 分滿時，額外加入熟肉末當作夾心。

- 設備｜冰箱
- 準備器具｜起司造型模具
- 分割重量｜每個 100 公克

C、歐風甜點

1. 取一深鍋，倒入無乳糖牛奶。
2. 加入寒天粉。 
3. 攪拌均勻。 
4. 加入南瓜粉。 
5. 攪拌均勻，上爐煮滾。 
6. 倒入模具中。 
7. 倒一半時，加入剪小塊的無鹽起司。 
8. 也可加入熟雞胸肉絲。 
9. 再倒滿模具，平模，放涼凝固，搖晃不會有晃動的感覺就可以脫模。 

139

馬卡龍

操作老師：許燕斌

✕ 製作數量｜12～14 個
⏰ 常溫可放 3 天、冷凍可放 1 個月

材料	公克
熟鴨肉末	120
小米粉	50
蘋果泥	30
馬鈴薯粉	50
水	26
合計	276

染色	
仙人掌粉	3
黃梔子粉	1
綠梔子粉	1

- 設備｜烤箱
- 準備器具｜馬卡龍模具
- 分割重量｜每個 20 公克
- 烤焙溫度時間｜全火 100℃、10 分鐘

C、歐風甜點

1 所有材料放入攪拌缸中。

2 使用槳狀，攪拌均勻。

3 先取 30 公克為原味，再平均分成三等份，各自染色。

4 染出粉色、黃色、綠色為馬卡龍外殼顏色。

5 取 5 公克原味麵團壓扁，作為中間夾心。

6 再取 15 公克有顏色的麵團為外殼，夾起。

7 放入馬卡龍模具中壓緊實，冰入冰箱 30 分鐘定型。

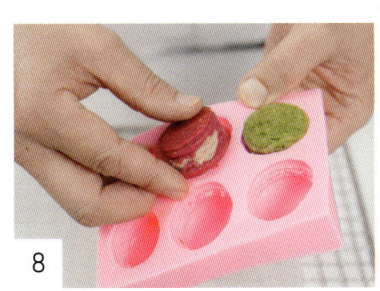

8 取出脫模。

9 放在烤焙紙上，放上烤盤，入烤箱，全火 100℃，烤 10 分鐘，取出，放涼。

141

D 午茶時光

蔡雨婷
許燕斌

143

羊奶溶豆

操作老師：蔡雨婷

常溫可放 3 天、冷藏可放 1 個月

D、午茶時光

材料	公克
蛋黃	1 顆（約 20g）
羊奶粉	5
合計	276

- 設備｜果乾機
- 準備器具｜塑膠袋或擠花袋
- 重量｜每個 0.5～1 公克
- 溫度時間｜55℃、30 分鐘

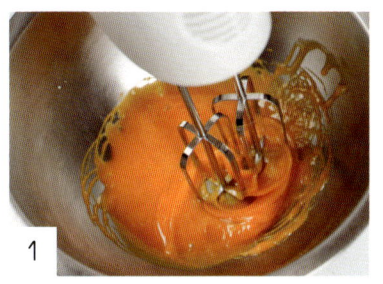

1 蛋黃放入鋼盆中，使用手持打蛋器打發。

2 慢慢順時針打至變白。

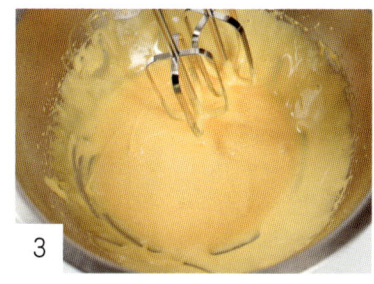

3 打至顏色明顯變比較白。

4 加入羊奶粉。

5 攪拌均勻，裝入擠花袋中。

6 擠在烤焙紙上，每個約 0.5～1 公克，呈小圓球狀，放上烤網，放入果乾機，設定 55℃，烘 30 分鐘。

145

荷包蛋

操作老師：蔡雨婷

⏰ 常溫可放 3 天、冷藏可放 1 個月

蛋白	公克
羊奶粉	70
水	20
合計	120

蛋黃	公克
蛋黃	1 顆（約 20g）
羊奶粉	5
合計	25

- 設備｜果乾機
- 準備器具｜塑膠袋或擠花袋
- 重量｜每個 2～3 公克
- 溫度時間｜55℃、30 分鐘

D、午茶時光

1 羊奶粉、一半的水混合拌勻。

2 再慢慢加入水，調整濃稠度。

3 攪拌均勻，不同牌子的羊奶粉吸水力不太一樣。

4 慢慢調整至有流動性，可以成型的濃稠度。

5 裝入擠花袋中，擠在烤焙紙上，每個約 1～2 公克，形狀隨喜好擠小圓片狀。

6 放上烤網，放入果乾機，設定 55℃，烘 30 分鐘。

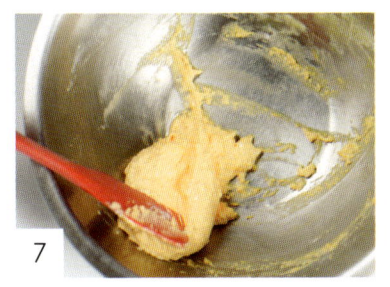

7 蛋黃打發，加入羊奶粉拌勻。

8 裝入擠花袋中，擠在表面烘好的蛋白上，約 0.5～1 公克左右，小圓球狀。

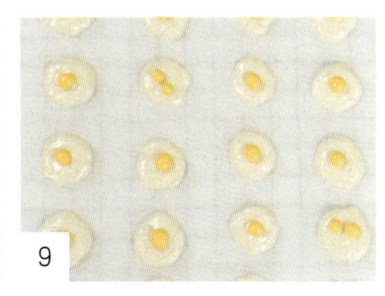

9 放上烤網，放入果乾機，設定 55℃，烘 30 分鐘。

雞肉泡麵

操作老師：蔡雨婷

🕐 常溫可放 3 天、冷藏可放 1 個月

材料	公克	表面裝飾	
生雞胸肉	200	無鹽海苔碎	適量
蛋黃	1 顆（約 20g）	紅蘿蔔乾碎	適量
合計	120		

- 設備｜果乾機
- 準備器具｜塑膠袋或擠花袋、直徑 6 公分慕斯框
- 重量｜依照喜好擠出合適的大小
- 溫度時間｜70℃、8～10 小時

D、午茶時光

1 生雞胸肉、蛋黃放入調理機中，打成泥狀。

2 取出裝入擠花袋中。

3 使用直徑 6 公分慕斯框，不規則擠入條狀在框中。

4 取下框，表面可再擠幾條。

5 可以依照喜好做出不同大小，隨興擠。

6 表面撒上無鹽海苔碎。

7 撒上紅蘿蔔乾。

8 放上烤網，放入果乾機，設定 70℃，烘 8～10 小時。

9 可以搭配荷包蛋使用。

149

蔬菜卷

操作老師：蔡雨婷

🕐 常溫可放 3 天、冷藏可放 1 個月

D、午茶時光

材料	公克
生雞胸肉	200
生紅蘿蔔條	5 條
生蘆筍條	10 條

表面裝飾	
無鹽海苔碎	適量
黑芝麻粉	適量

- 設備｜果乾機
- 溫度時間｜70℃、8～10 小時

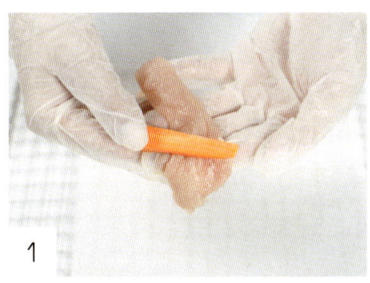

1 將生雞胸肉切片狀，生紅蘿蔔切條狀。

2 捲起。

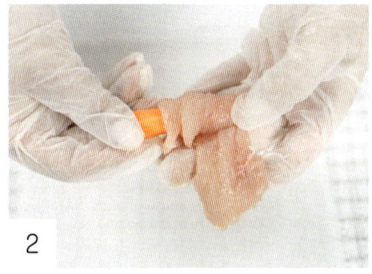

3 呈蔬菜捲形狀。

4 也可以使用不同的蔬菜。

5 放在烤焙紙上，撒上無鹽海苔碎、黑芝麻粉。

6 放上烤網，放入果乾機，設定 70℃，烘 8～10 小時。

羊奶片

操作老師：蔡雨婷

⏰ 常溫可放 3 天、冷藏可放 1 個月

材料	公克	染色	
羊奶粉	20	仙人掌粉	適量
水	5	菠菜粉	適量
		薑黃粉	適量
		角豆粉	適量

- 設備｜果乾機
- 準備器具｜翻糖造型模具
- 重量｜依照模具大小調整重量
- 溫度時間｜50℃、8 小時

D、午茶時光

1
羊奶粉加水放入鋼盆中。

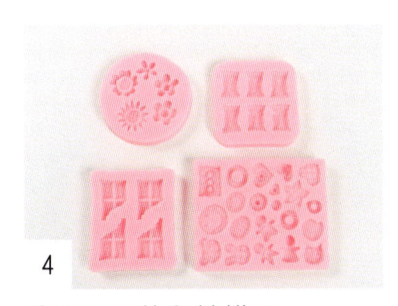

2
攪拌均勻。

3
用手揉至成團。

4
使用不同的翻糖模具。

5
取一小團羊奶麵團，放入模具中，做出造型。

6
脫模放在烤焙紙上。

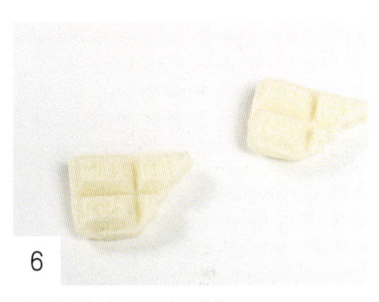

7
也可以將羊奶團沾上色粉染色，做出不同顏色造型。

8
也可以將羊奶團沾上色粉染色，做出不同顏色造型。

9
放上烤網，放入果乾機，設定 50℃，烘 8 小時。

153

冰淇淋

操作老師：蔡雨婷

🕐 冷藏三天、冷凍一個月

D、午茶時光

材料	公克
熟雞胸肉	200
熟山藥	90
茅屋起司	15
合計	**305**

表面裝飾	
無糖優格	適量

染色	公克
角豆粉	20
仙人掌粉	10

● 準備器具 | 冰淇淋勺

1 熟雞胸肉放入調理機中,打成碎末狀。

2 加入熟山藥、茅屋起司打成團狀。

3 取出約 100 公克。

4 加入角豆粉染色;再取 100 公克加入仙人掌粉染色。

5 咖啡色做出圓餅狀餅乾,再使用冰淇淋勺填入粉色和原味白色做出雙色冰淇淋。

6 表面再擠上無糖優格裝飾。

可麗露

操作老師：蔡雨婷

✕ 製作數量｜4個
⏰ 冷藏三天、冷凍一個月

材料	公克
熟雞胸肉	180
熟地瓜	100
低筋麵粉	100
角豆粉	40
合計	420

- 設備｜烤箱
- 準備器具｜可麗露模具
- 重量｜100 公克
- 溫度時間｜全火 160℃、30 分鐘

D、午茶時光

1　熟雞胸肉、熟地瓜、低筋麵粉放入調理機中。

2　打成團。

3　加入角豆粉混合均勻。

4　使用可麗露模具。

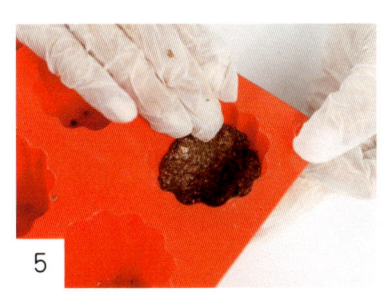

5　填入麵團。

6　壓緊實，填滿。

7　可以直接脫模，或是冰起來待定型再脫模。

8　放在烤焙紙上。

9　放在烤焙紙上，放上烤盤，入烤箱，全火 160℃，烤 30 分鐘，取出，放涼。

157

達克瓦茲

操作老師：蔡雨婷

✕ 製作數量｜8 個
⏰ 冷藏三天、冷凍一個月

材料	公克
熟雞胸肉	200
茅屋起司	30
合計	**230**

染色	
南瓜粉	適量
菠菜粉	適量

夾心	公克
熟山藥	20
無乳糖牛奶	5

表面裝飾	
椰子粉	適量

- 設備｜烤箱
- 準備器具｜達克瓦茲翻糖模具、8齒花嘴
- 重量｜依照模具大小調整重量
- 溫度時間｜全火160℃、30分鐘

D、午茶時光

1 熟雞胸肉、茅屋起司放入調理機中，打成團。

2 打至可以成團。

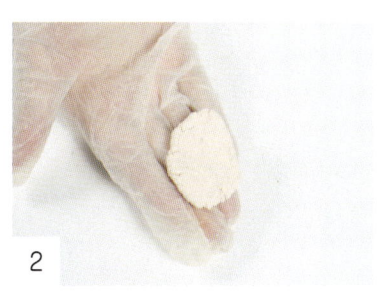

3 平均分成兩團，其中一團加入南瓜粉染色。

4 另一團加入菠菜粉染色。

5 取達克瓦茲的模具，填入兩種不同顏色的肉團。

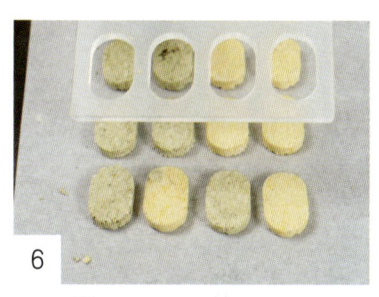

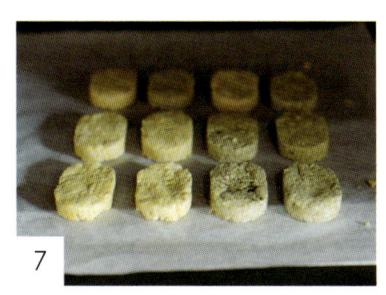

6 取下模具。

7 放在烤焙紙上，放上烤盤，入烤箱，全火160℃，烤30分鐘，取出，放涼。

8 熟山藥加無乳糖牛乳拌勻，可以使用色粉調色，擠在達克瓦茲中間做夾心。

9 兩片一組夾起，表面可以撒上椰子粉裝飾。

義大利麵

操作老師：蔡雨婷

✕ 製作數量｜1 份
⏰ 冷藏三天、冷凍一個月

D、午茶時光

材料	公克
義大利麵	40
熟牛肉塊	30
熟雞肉塊	30
蔬菜碎末	30
無乳糖牛奶	100
玉米粉	2
椰子絲	2
合計	**234**

表面裝飾	
無鹽海苔碎	適量
黑芝麻粉	適量

- 設備｜爐子
- 準備器具｜平底鍋

1 使用熟菠菜切碎、雙色彩椒切碎。

2 熟雞胸肉塊剪小丁。

3 將義大利麵、熟牛肉塊、熟雞肉塊、蔬菜碎、無乳糖牛乳放入鍋中。

4 煮到義大利麵熟，加入玉米粉攪拌均勻至收汁。

5 撒上無鹽海苔碎。

6 撒上黑芝麻粉點綴。

161

雞蛋糕

操作老師：蔡雨婷

製作數量｜12 個

冷藏三天、冷凍一個月

D、午茶時光

材料	公克
全蛋	1顆（約50g）
蜂蜜	10
橄欖油	10
低筋麵粉	90
無乳糖牛奶	30
合計	240

- 設備｜烤箱
- 準備器具｜造型模具
- 分割重量｜每個15公克
- 烤焙溫度時間｜全火160℃、30分鐘

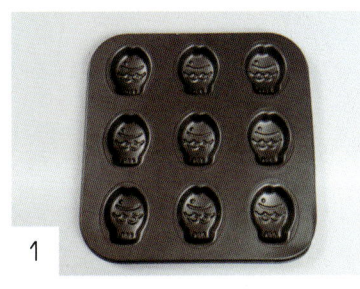

1. 使用造型模具，刷上一層橄欖油，備用。

2. 全蛋取蛋黃，加入低筋麵粉、橄欖油、無乳糖牛奶。

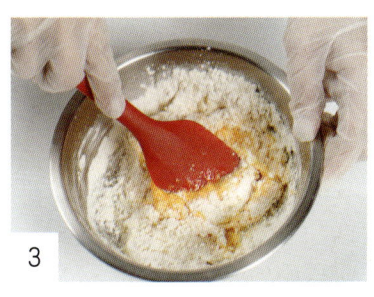

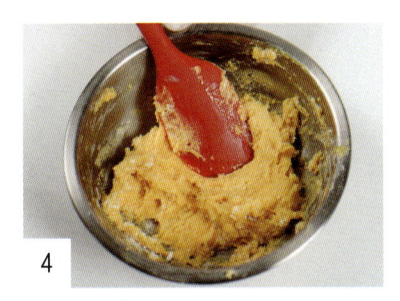

3. 攪拌均勻。

4. 拌成團備用。

5. 蜂蜜加剩下的蛋白使用手持打蛋器打發。

6. 打到有小勾勾狀。

7. 蛋黃糊加蛋白糊拌勻。

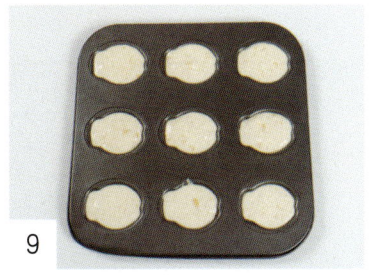

8. 填入模具中9分滿，每個約15公克。

9. 放上烤盤，入烤箱，全火160℃，烤30分鐘，取出，放涼。

163

消暑西瓜冰

操作老師：許燕斌

✖ 製作數量｜3 份
⏰ 常溫可放 3 天、冷凍可放 1 個月

D、午茶時光

材料	公克
西瓜汁	90
熟雞胸肉末	50
椰子粉	60
無糖優格	20
合計	**220**

表面裝飾	
羊奶片	適量
無糖優格	適量

🍭 準備器具｜冰淇淋勺、平口花嘴

1
所有材料放入攪拌缸中。

2
使用槳狀，拌勻，裝入擠花袋中，使用 1.5 公分的平口花嘴。

3
擠在容器中，可淋上無糖優格裝飾，或擺上羊奶片。

‼ 小叮嚀 ‼

1. 這是一道適合夏天消暑的品項，可以先冰在冰箱冰涼，食用前取出。
2. 也可以添加一些魚肉末增加適口性。

E 中式糕點

賴韋志

167

蛋黃酥

操作老師：賴韋志

✕ 製作數量｜8 顆
⏰ 常溫可放 3 天、冷凍可放 1 個月

外皮	公克
熟雞胸肉末	96
熟山藥泥	280
羊奶粉	8
合計	**384**

內餡	公克
熟地瓜泥	120
羊奶粉	8
合計	**128**

表面裝飾	公克
蛋黃液	20
黑芝麻	10

‼️ 小叮嚀 ‼️

1. 手粉使用烤熟的玉米粉，將買回來的玉米粉放入烤箱，全火 100℃烤 10～15 分鐘。

- 設備｜烤箱
- 分割重量｜每個外皮 48 公克 / 內餡 15 公克
- 烤焙溫度時間｜全火 130℃、20 分鐘

E、中式糕點

1. 熟雞胸肉末、熟山藥泥、羊奶粉放入鋼盆中。

2. 攪拌均勻，如果山藥泥太濕，可以再加點羊奶粉調整。

3. 分割外皮每個 48 公克。

4. 熟地瓜泥、羊奶粉攪拌均勻。

5. 分割內餡每個 15 公克。

6. 外皮包入內餡，收口收緊，放在烤焙紙上。

7. 表面刷上蛋黃液。

8. 點上黑芝麻。

9. 放上烤盤，入烤箱，全火 130℃，烤 20 分鐘。

廣式月餅

操作老師：賴韋志

✕ 製作數量｜8 顆
⏰ 常溫可放 3 天、冷凍可放 1 個月

外皮	公克
茅屋起司	200
菠菜粉	4
合計	**204**

內餡	公克
熟紫薯泥	160
鴨蛋黃	8 顆
合計	**160**

‼ 小叮嚀 ‼

1. 手粉使用烤熟的玉米粉，將買回來的玉米粉放入烤箱，全火 100°C 烤 10～15 分鐘。
2. 模具可以先沾上熟玉米粉防沾黏，再使用壓出造型，會更好操作。
3. 可以使用不同造型的壓模製作。

- 設備｜烤箱
- 準備器具｜造型月餅壓模
- 分割重量｜每個外皮 25 公克 / 內餡 25 公克
- 烤焙溫度時間｜上下火 150/120℃、25 分鐘

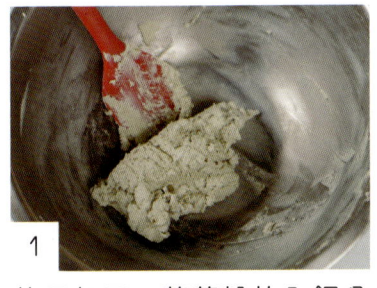

E、中式糕點

1 茅屋起司、菠菜粉放入鋼盆中混合拌勻。

2 鴨蛋黃烤熟，備用。

3 分割熟紫薯泥每個 25 公克。

4 紫薯泥包入鴨蛋黃。

5 分割每個外皮 25 公克。

6 外皮包入內餡，收口收緊。

7 表面裹上熟玉米粉。

8 放入月餅模具中，壓出造型。

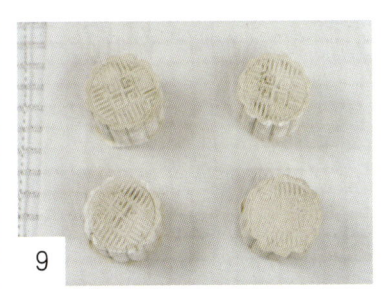

9 放在烤焙紙上，放上烤盤入烤箱，上下火 150/120℃，烤 25 分鐘。

紅龜粿

操作老師：賴韋志

製作數量｜6 個

常溫可放 3 天、冷凍可放 1 個月

外皮	公克
糯米粉	300
果寡糖	42
水	210
紅麴粉	3
合計	555

內餡	公克
無糖綠豆沙餡	270
熟豬絞肉	90
合計	360

‼️ 小叮嚀 ‼️

1. 手粉使用烤熟的玉米粉，將買回來的玉米粉放入烤箱，全火 100℃ 烤 10～15 分鐘。

2. 模具可以先沾上熟玉米粉防沾黏，再壓出造型，會更好操作。

3. 綠豆沙餡可以使用南瓜泥或地瓜泥取代。

- 設備｜蒸籠
- 準備器具｜紅龜粿模具
- 分割重量｜每個外皮 46 公克 / 內餡 30 公克
- 時間｜冷水放入蒸籠、25 分鐘

1 糯米粉、果寡糖、水、紅麴粉放入鋼盆中。

2 攪拌均勻。

3 分割外皮每個 46 公克。

4 無糖綠豆沙餡、熟豬絞肉放入鋼盆中，攪拌均勻。

5 分割內餡每個 30 公克，外皮包入內餡。

6 表面裹上熟玉米粉。

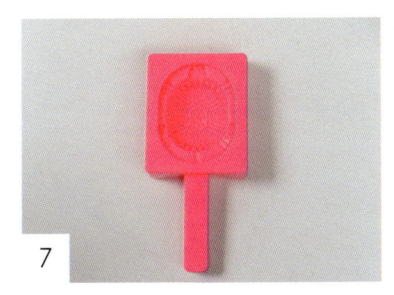

7 使用紅龜粿模具，模具可以先撒上手粉。

8 放入模具中，做出造型。

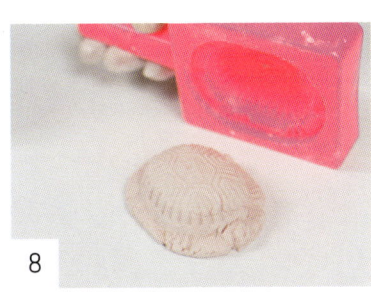

9 放入蒸籠中，冷水放入蒸 25 分鐘。

元宵

操作老師：賴韋志

✕ 製作數量｜3 碗
⏰ 常溫可放 3 天、冷凍可放 1 個月

外皮	公克
熟雞胸肉末	20
馬鈴薯泥	80
羊奶粉	4
合計	104

內餡	公克
羊奶粉	5
熟南瓜泥	60
合計	65

果凍液	公克
果凍粉	10
水	400
合計	410

- 設備｜爐子
- 準備器具｜湯鍋
- 分割重量｜每個外皮 8 公克 / 內餡 5 公克

E、中式糕點

1 外皮材料放入鋼盆中，混合拌勻。

2 內餡材料放入鋼盆中，混合拌勻。

3 分割每個外皮 8 公克。

4 分割內餡每個 5 公克。

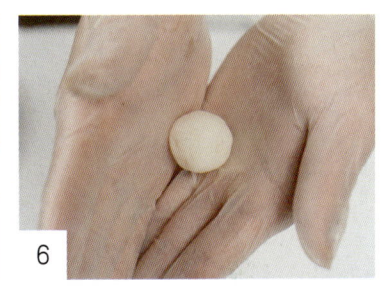

5 外皮包入內餡。

6 搓圓球狀。

7 果凍粉加水，放入湯鍋中。

8 攪拌均勻，上爐煮滾。

9 碗中擺入元宵，再淋上果凍液，放涼，完成。

綠豆凸

操作老師：賴韋志

製作數量｜8 顆

常溫可放 3 天、冷凍可放 1 個月

外皮	公克
熟馬鈴薯泥	320
合計	**320**

材料	公克
熟地瓜泥	80
黑芝麻粉	16
蔓越莓乾	16
熟鵪鶉蛋	8 顆
合計	**112**

‼ 小叮嚀 ‼

1. 熟馬鈴薯泥如果太濕，可以酌量添加羊奶粉調整軟硬度。
2. 蔓越莓乾要使用無添加糖的。
3. 地瓜泥可以用南瓜泥代替。

E、中式糕點

- 設備｜烤箱
- 準備器具｜3 支免洗筷
- 分割重量｜每個外皮 40 公克 / 內餡 14 公克
- 烤焙溫度時間｜上下火 130/120℃、30 分鐘

1
熟馬鈴薯泥分割外皮每個 40 公克。

2
熟地瓜泥、黑芝麻粉、蔓越莓乾放入鋼盆中，攪拌均勻。

3
分割內餡每個 14 公克。

4
內餡包入熟鵪鶉蛋。

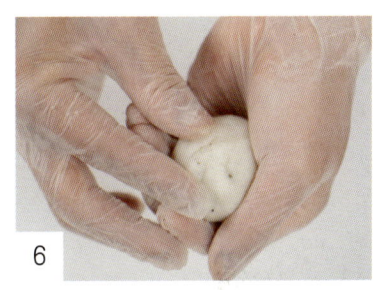

5
外皮包入內餡。

6
收口收緊，放在烤焙紙上。

7
使用 3 支免洗筷沾上仙人掌粉加水調的色膏，點在表面。

8
放上烤盤。

9
放入烤箱，上下火 130/120℃，烤 30 分鐘。

177

餃子

操作老師：賴韋志

✕ 製作數量｜10 顆
⏰ 常溫可放 3 天、冷凍可放 1 個月

水餃皮	公克
熟雞胸肉末	250
羊奶粉	30
蛋白	20
合計	**300**

內餡	公克
熟鮭魚肉末	150
芹菜末	20
紅蘿蔔末	30
合計	**200**

‼ 小叮嚀 ‼

1. 也可以將雞胸肉末換成白魚肉末。

2. 如果沒有水餃壓模，也可以直接對折包起，輕輕壓扁，隨意做出圓扁造型即可。

- 設備｜烤箱
- 準備器具｜水餃壓模
- 分割重量｜每個水餃皮 18 公克 / 內餡 13 公克
- 烤焙溫度時間｜上下火 130/120℃、25 分鐘

E、中式糕點

1
熟雞胸肉末、羊奶粉、蛋白放入鋼盆中，攪拌均勻。

2
分割每個水餃皮 18 公克。

3
內餡熟鮭魚肉末、芹菜末、紅蘿蔔末混合拌勻，備用。

4
取水餃皮，使用塑膠袋壓扁。

5
放在水餃壓模上，擺上內餡 13 公克。

6
壓出水餃造型。

7
擺在烤焙紙上。

8
可以再使用黑芝麻粉加一點水餃皮擠出表情裝飾。

9
放上烤盤入烤箱，上下火 130/120℃，烤 25 分鐘。

179

蔥油餅

操作老師：賴韋志

🔪 製作數量｜5 片
⏰ 常溫可放 3 天、冷凍可放 1 個月

蔥油餅皮	公克
米穀粉	250
羊奶粉	25
水	200
合計	**475**

內餡	公克
芹菜末	15
熟豬絞肉	35
橄欖油	5
合計	**55**

表面裝飾	
蛋黃液	適量

- 設備｜烤箱
- 分割重量｜每個餅皮 95 公克 / 內餡 20 公克
- 烤焙溫度時間｜上下火 130/120℃、25 分鐘

E、中式糕點

1. 米穀粉、羊奶粉、水放入鋼盆中攪拌均勻。

2. 分割每個餅皮 95 公克。

3. 芹菜末、熟豬絞肉、橄欖油攪拌均勻，備用。

4. 將麵團擀開擀長。

5. 鋪上內餡 20 公克。

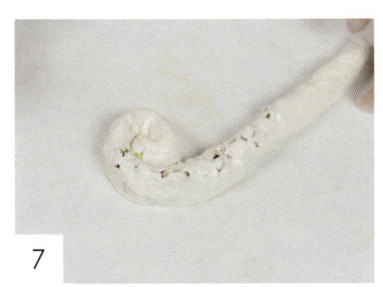

6. 從長邊那端捲起。

7. 再從一端捲成蝸牛狀。

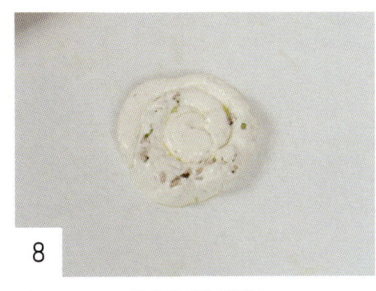

8. 表面可以刷點橄欖油。

9. 放在烤焙紙上，表面刷上蛋黃液，放入烤箱，上下火 130/120℃，烤 25 分鐘。

蛋塔

操作老師：賴韋志

製作數量｜6個
常溫可放 3 天、冷凍可放 1 個月

塔殼	公克
熟雞胸肉末	180
熟南瓜泥	60
米穀粉	30
合計	**270**

內餡	公克
熟南瓜泥	240

表面裝飾	公克
蛋黃液	30

- 設備｜烤箱
- 準備器具｜直徑約 6 公分小塔模 SN6023、毛刷
- 分割重量｜每個塔殼 30 公克 / 內餡 30 公克
- 烤焙溫度時間｜上下火 130/120℃、25 分鐘

E、中式糕點

1 塔殼材料放入鋼盆中，攪拌均勻。

2 攪拌至成團。

3 分割每個塔殼 30 公克。

4 取小塔模刷上橄欖油。

5 放入塔殼麵團整形。

6 將內餡熟南瓜泥裝入擠花袋中，擠入塔殼內，每個約 30 公克。

7 表面刷上蛋黃液。

8 放在烤焙紙上。

9 放上烤盤，入烤箱，上下火 130/120°C，烤 25 分鐘。

183

小豬包

操作老師：賴韋志

✕ 製作數量｜6 顆
⏰ 常溫可放 3 天、冷凍可放 1 個月

材料	公克
中筋麵粉	180
水	90
乾酵母	3
果寡糖	24
橄欖油	3
合計	**300**

內餡	公克
豬絞肉	108
高麗菜絲	20
紅蘿蔔絲	6
合計	**134**

染色	
紅麴粉	3
竹碳粉	0.2

- 設備｜蒸籠
- 分割重量｜每個外皮 40 公克 / 內餡 21 公克
- 時間｜冷水放入蒸籠、25 分鐘

E、中式糕點

1. 水加乾酵母攪拌均勻。

2. 中筋麵粉、果寡糖、橄欖油、酵母水混合。

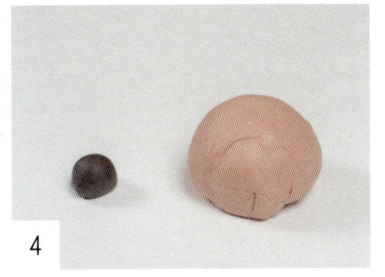

3. 用手揉勻。

4. 取 60 公克加竹炭粉染色，其餘的用紅麴粉染色。

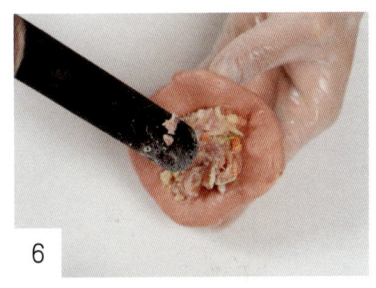

5. 內餡材料混合拌勻。

6. 分割外皮每個 40 公克，包入內餡 21 公克。

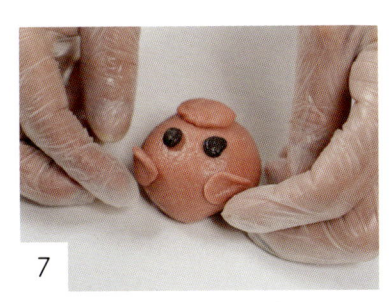

7. 收口收緊，製作出鼻子、眼睛、耳朵。

8. 用筷子搓出豬鼻孔。

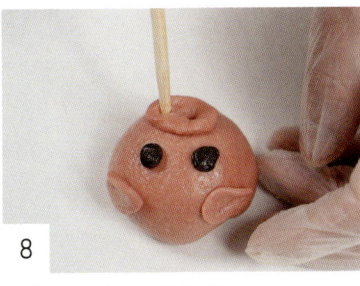

9. 放入蒸籠中，冷水放入蒸 25 分鐘。

桃酥

操作老師：賴韋志

✕ 製作數量｜6 個
⏰ 常溫可放 3 天、冷凍可放 1 個月

材料	公克
熟馬鈴薯泥	120
羊奶粉	30
熟雞胸肉末	60
薑黃粉	3
合計	213

表面裝飾	
蛋黃液	20

‼️ 小叮嚀 ‼️

1. 也可以將雞胸肉末換成白魚肉末。
2. 如果馬鈴薯泥太濕，可以酌量加羊奶粉調整軟硬度。

- 設備｜烤箱
- 分割重量｜每個 35 公克
- 烤焙溫度時間｜全火 130℃、15～20 分鐘

E、中式糕點

1 所有材料放入鋼盆中混合。	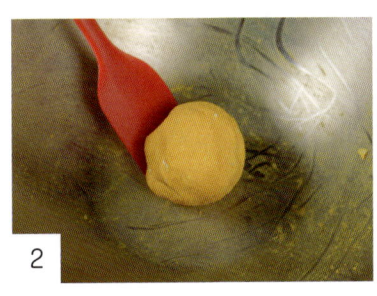 2 拌成團。	 3 分割每個 35 公克。
 4 輕輕壓扁，成圓片狀。	 5 中間使用擀麵棍壓出凹洞。	 6 使用刮刀劃出紋路。
 7 放在烤焙紙上。	 8 表面刷上蛋黃液裝飾，放上烤盤，入烤箱，全火 130°C，烤 15～20 分鐘。	 9 取出，放涼完成。

187

〈是非題〉

1	(O)	貓：屬於絕對肉食性動物，對於某些必需氨基酸（如牛磺酸）的需求高於犬。
2	(O)	犬：雖是雜食性動物，但仍需高蛋白飲食，特別是在成長和運動期間。
3	(O)	貓犬可從商業貓糧、貓補充劑、天然食物取得益生菌來源，但仍需小心食物過敏。
4	(X)	在給予貓犬益生菌前，不建議諮詢獸醫以確保適合您的寵物。
5	(X)	脂肪：提供能量並有助於脂溶性維生素的吸收。必需脂肪酸（如 Omega-3 和 Omega-6）對皮膚、毛髮及腦部健康很重要。尤其脂肪是犬的主要能量來源。
6	(O)	碳水化合物：犬能利用碳水化合物作為能量來源，但貓的需求較低。適量的纖維有助於消化健康。
7	(O)	成貓一日所需的基本熱量：每公斤體重乘上 70～90 大卡；懷孕母貓再乘上 1.5 倍；哺乳母貓則乘上三倍。
8	(O)	幼犬幼貓需要「高蛋白質」和「高能量」以支持生長；成年犬貓則需保持體重和健康；老犬老貓則可能需要「低熱量」、「高纖維」的飲食以應對新陳代謝減緩。
9	(O)	幼貓餵養的原則：少量多餐、挑選幼貓專用貓食、不宜任意變換食物。
10	(O)	成貓餵養原則：定時定量、餵食成貓專用貓食、保持貓碗的清潔。
11	(O)	老年貓餵養原則：提供軟一點的食物、提供高纖食物、提供味道重的食物、提供低熱量貓食。
12	(O)	適合犬的鮮食：肉類（雞胸、豬、牛、羊、兔、鴿、鹿、馬、駝鳥肉等）、大骨（富含礦物質膠原蛋白等）、無鹽起司（有狗狗喜歡的香氣）、無糖優格（含益生菌）、雞蛋（含豐富蛋白質）、蜂蜜（含多種營養）、蔬菜（綠葉蔬菜、高麗菜、豆類、香菜、紅白蘿蔔、成熟的蕃茄、白綠花椰菜、牛蒡、甜菜根等）、水果（香蕉、去皮、籽的蘋果、去籽的芭樂、草莓、去核芒果、去核桃子、藍莓、木瓜、西瓜、哈密瓜、火龍果、奇異果、柳丁、鳳梨等）、油脂（橄欖油、魚油、椰子油、葡萄籽油、葵花籽油、亞麻仁籽油、巴西堅果、花生、松子等）、碳水化合物（糙米、白米飯（粉）、小米、蕃薯、南瓜、馬鈴薯、芋頭、蓮藕、山藥等）、乾貨（乾香菇、有機枸杞、羊 菜等）。
13	(O)	適合貓的鮮食：生蛋黃可以（含有維生素 A 和蛋白質）、生蛋白不可以（會破壞生蛋黃中的生物素抑制生物素將妨礙貓咪的成長和毛髮的光澤）、生魚不可以（含有破壞維生素 B1 的酵素貓咪會有維生素 B1 不足的情形）、熟的雞胸肉可以（可補充動物性蛋白質）、紅肉類最好不要過度烹煮，因為這會讓其中豐富的維生素流失 60% 以上，白肉類則要煮熟，避免細菌滋生引起食物中毒。

14	(O)	犬絕對不能吃的食材：巧克力（可用角豆粉替代）、茶和咖啡（茶鹼對狗有毒）、肥肉與雞皮（會產生嘔吐拉肚子或胰臟炎）、酒精（會嘔吐身體不適甚至死亡）、洋蔥與青蔥（硫代硫酸鹽會破壞狗身體裡的紅血球循環、導致貧血）、生蛋白（可能有沙門氏菌）、葡萄與葡萄乾（容易發霉而損壞狗的腎臟功能或造成腎衰竭）、果核（會阻塞在消化道）、胡椒與辛香料（少許的薑黃可）、含有鹽巴或帶有鹹味的食物（會導致電解質失衡）、生麵糰（會脹氣）、木糖醇（對狗來說 比巧克力的毒性更強）、夏威夷豆（含有某種毒素，會導致供地消化系統與神經系統失調）、生鮭魚和鱒魚（有寄生蟲的疑慮）、零食與加工食品（例如甜不辣 魷魚絲豆乾 洋芋片等）、發霉或過期的食物。
15	(O)	犬的進食次數隨年齡而改變：幼犬出生三個月左右(4次/日)、幼犬出生六個月左右(3次/日)、成犬(2次/日)。
16	(O)	水是生命必需品，對於代謝、消化和體溫調節至關重要。需確保狗貓有充足的新鮮水源。犬每天需要攝入每公斤體重 30～60 毫升的水量。炎熱天氣或者狗狗進行劇烈運動時水分需求可能會增加。而煮沸過的自來水，對犬來說是最好的選擇。最好能夠每日更換水盆的水一到兩次。
17	(O)	貓每日需要攝入每公斤體重 40～60 毫升。例如，如果您的貓體重為 4 公斤，那麼每天建議可以喝 120ml～240ml 的水。 如果您的貓主要吃乾糧，那麼可能需要更多的水分來補充。相反，如果平常主要吃濕食，那麼可能已經從食物中獲得了部分所需的水分，有時會稍微減少一些水分攝取。
18	(O)	犬貓的能量需求受多種因素影響，包括年齡、體重、活動量和生理狀態（如懷孕、哺乳等）。犬一日所需的基本熱量：5 公斤左右 350 大卡；10 公斤左右 600 大卡；20 公斤左右 1000 大卡；30 公斤左右 1400 大卡。
19	(O)	犬的優質蛋白質的六大關鍵：1.動物性蛋白質不要給太少。2.不要煮太久、避免劣質的蛋白質。3.給予完整的動物性蛋白質。4.犬不需要植物性蛋白質。5.經常更換含有動物性蛋白質的食材。6.每次餐點加入適量的鈣粉或給生骨頭。
20	(O)	完美鮮食比例：穀類 10～15％、肉類蛋奶類 60～70％、蔬菜與根莖類 30％、適量的魚油與鈣粉。

〈選擇題〉

1	(3)	下列何者為非？①貓的消化系統較短腸道較小，且胃酸濃度約為 Ph 值 1.5 到 2.0，這使得它們能有效消化肉類和清除食物中的細菌，更能有效地消化蛋白質和脂肪。②貓犬的唾液中含有消化酶，其主要的功能是潤滑。③犬有尖銳的牙齒適合撕扯肉類，成犬一般來說會有 24 顆牙齒。④貓屬於絕對肉食性動物，對於某些必需氨基酸（如牛磺酸）的需求高過於犬。
2	(4)	犬貓的營養基礎論述中，以下何者為非？①犬能利用碳水化合物作為能量來源，但貓的需求比較低。②蛋白質對於生長修復和免疫系統功能至關重要，犬貓需要高品質的動物蛋白，貓對牛磺酸的需求特別高。③有專為貓咪設計的益生菌補充劑通常以粉末或膠囊形式提供；犬專用的益生菌補充劑可直接添加到食物中。④犬是純肉食性動物，從肉類（尤其是內臟）和魚類中獲取牛磺酸。
3	(3)	犬貓生命階段的需求，何者為非？①幼犬幼貓需要「高蛋白質」和「高能量」以支持生長。②成年犬貓則需保持體重和健康。③老犬老貓則可能需要「高熱量」、「低纖維」的飲食以應對新陳代謝減緩。④幼貓餵養以少量多餐為原則。
4	(1)	犬的優質蛋白質關鍵，何者為非？①動物性蛋白質不要給太多。②不要煮太久、避免劣質的蛋白質。③給予完整的動物性蛋白質。④犬不需要植物性蛋白質。
5	(4)	以下何者図非？①脂肪是貓的主要能量來源，貓能有效地吸收並代謝脂肪。②若缺乏必需脂肪酸可能會產生成長遲緩、毛髮乾燥粗糙、皮屑多、精神不好等等。③脂肪來源為動物油、植物油、肥肉雞皮等。④也可用氫化椰子油。
6	(4)	下列何者不是完美鮮食比例？①穀類 10～15%。②肉類蛋奶類 60～70%。③蔬菜與根莖類 30%。④大量的魚油與鈣粉。
7	(2)	建康的犬貓應該不具下列何項描述？①耳朵乾淨無臭味。②口腔黏膜有血絲，牙齒泛黃，牙齦發炎紅腫。③眼瞼黏膜紅潤無血絲、雙眼明亮有神、無分泌物。④鼻子濕潤有光澤。
8	(2)	下列何者為非？①狗有尖銳的犬齒，適合撕扯肉類。②出生後十天才會開始長出乳牙，乳牙有 28 顆，長到到 16 週齡（約 4 個月大）會開始換牙，在換牙時會特別喜歡咬東西，不可以給他們有彈性的球、橡膠玩具、磨牙玩具啃咬，無需注意鈣質的攝取。③9 個月大時牙齒會全部換成恆齒。恆齒的意思就是「斷掉或拔掉後就再也長不回來的牙齒」，恆齒比乳牙更大顆，更厚，尖端也更圓潤一些。④成犬一般來說會有 42 顆牙齒。
9	(4)	下列何者不正確？①貓牙齒共有 30 顆。②貓有 4 顆犬齒、4 顆臼齒。③貓有 10 顆前臼齒及 12 顆門牙。④貓的牙齒呈正三角形，尖銳且適合撕咬剪切等動作。
10	(4)	下列何者為非？①犬的胃容量較大，能夠容納較多的食物。②貓的胃則更適合處理高濃度的蛋白質和脂肪。③犬的小腸較長，有助於吸收各種營養素。④貓的小腸較長，更適合快速消化和吸收肉類。

一、選擇題

11	(4)	犬的進食次數隨年齡而改變，下列何者🗵非？①幼犬出生三個月左右，每日進食 4 次。②幼犬出生六個月左右，每日進食 3 次。③成犬每日進食 2 次。④成犬每日只需進食 1 次。
12	(3)	下列何者為非？①貓咪滿一歲時就已經是人類的成年年齡，大約相當於人類的 18 歲。②成貓餵養最好定時定量。③貓食都是一樣的沒有分幼貓專食、成貓專食。④保持貓碗的清潔（貓咪是很有潔癖的動物，一旦牠的貓碗不乾淨，牠會拒絕喝水甚至拒食。）
13	(3)	幼貓餵養的原則何者不正確？①幼貓消化道短而且成熟度不夠，宜少量多餐減輕消化道負擔。②挑選幼貓專用貓食（帶回幼貓時，建議和原飼主或獸醫師討論哪種貓食最適合牠）。③最好經常變換多種食物，以提供豐富營養。④若需要改變食物，宜循序漸進，剛開始新舊貓食以 1：9 餵食，並十天為期程，慢慢轉換成新貓食。如果有腹瀉現象，則應和獸醫師討論。
14	(3)	適合貓的鮮食，何者為非？①生蛋黃可以（含有維生素 A 和蛋白質）。②生蛋白不可以（會破壞生蛋黃中的生物素抑制生物素將妨礙貓咪的成長和毛髮的光澤）。③整條的生魚可以（貓咪的最愛）。④熟的雞胸肉可以（可補充動物性蛋白質）。
15	(1)	下列何者不是造成貓肥胖的因素？①運動量過大。②內分泌失調。③絕育。④藥物影響。
16	(4)	犬絕對不能吃的食材不包含？①巧克力。②茶。③咖啡。④瘦肉。
17	(4)	犬絕對不能吃的食材不包含？①酒精。②洋蔥與青蔥。③生蛋白。④葡萄籽油。
18	(2)	犬絕對不能吃的食材不包含？①果核。②少許的薑黃。③含有鹽巴或帶有鹹味的食物。④生麵糰。
19	(4)	犬絕對不能吃的食材不包含？①木糖醇。②夏威夷豆。③生鮭魚和鱒魚。④生蛋黃。
20	(3)	犬絕對不能吃的食材不包含？①甜不辣。②魷魚絲。③綠色蔬菜。④洋芋片。

毛小孩的
寵物烘焙聖經

| 舌尖上的毛寶貝：科學與愛的寵物烘焙聖經 |
| 許燕斌，林威宜，葉雅琦，蔡雨婷，賴韋志著 |
| . -- 一版 [新北市] |
| 上優文化事業有限公司, 2025.06 |
| 192 面；19 × 26 公分 . -- (寵物美食；1) |
| ISBN 978-626-99639-0-4（平裝） |
| 1.CST: 寵物飼養 2.CST: 點心食譜 3.CST: 烹飪 |
| 437.354　　　　　　　　　　　　　114004241 |

作　　者	許燕斌、林威宜、葉雅琦、蔡雨婷、賴韋志
總 編 輯	薛永年
美術總監	馬慧琪
文字編輯	董書宜
美術編輯	董書宜
攝　　影	王隼人

出 版 者	上優文化事業有限公司
	電話 (02)8521-3848 ／ 傳真 (02)8521-6206
	信箱 8521book@gmail.com (如任何疑問請聯絡此信箱洽詢)
	官網 http://www.8521book.com.tw
	粉專 http://www.facebook.com/8521book/

| 上優好書網 | 粉絲專頁 |

印　　刷	鴻嘉彩藝印刷股份有限公司
業務副總	林啟瑞　電話 0988-558-575
總 經 銷	紅螞蟻圖書有限公司
	電話 (02)2795-3656 ／ 傳真 (02)2795-4100
	地址 台北市內湖區舊宗路二段 121 巷 19 號
網路書店	博客來網路書店　www.books.com.tw
版　　次	一版一刷：2025 年 6 月
定　　價	699 元

Printed in Taiwan 版權所有・翻印必究
書若有破損缺頁，請寄回本公司更換